社員15倍！見学者300倍！

踊る町工場

伝統産業とひとをつなぐ「能作」の秘

株式会社能作 代表取締役社長 能作克治

ダイヤモ

踊る町工場図鑑

社員15倍！
見学者300倍！
さらに売上10倍！

伝統産業とひとをつなぐ

「能作《のうさく》」

ビフォー・アフター劇場

【前篇】

「薄暗く、おじいちゃん、おばあちゃんしかいない工場。家業が嫌だった」

（長女で専務の能作千春）

Before

▲見学にきた母親のひと言で、背筋が凍りついた（→6〜7ページ）

能作克治《のうさくかつじ》は、大手新聞社のカメラマンから一転、「能作家」に婿《むこ》入り。
年収は3分の1以下に!
1200度を超える真鍮《しんちゅう》を扱う過酷な現場で18年、くる日もくる日も鋳物《いもの》と対峙《たいじ》
……自分を含め社員が7、8名しかいないので、朝から晩まで働きづめの毎日
……経理も発送も鋳物製作もすべて自前
……いつまでこんなことが続くのか?

あるとき、めずらしく、小学校高学年の男の子とその母親が工場見学にきた。
すると、母親が、能作に聞こえる声で、息子にあるひと言を放った……。

その瞬間、能作は凍りついた。
身動きできなかった。
同時に、なんとしても、職人に誇りを取り戻したいと思った。
どんなことをしても、現状を変えたいと思った。

▲下請け仕事からなかなか抜け出せない日々が続いた

▶でも、職人としての誇りだけは失いたくなかった

▲技術には自信があった。でも、伝え方がわからなかった

▼能作の100年を超える歴史を物語る木型

After

さらに
売上10倍！

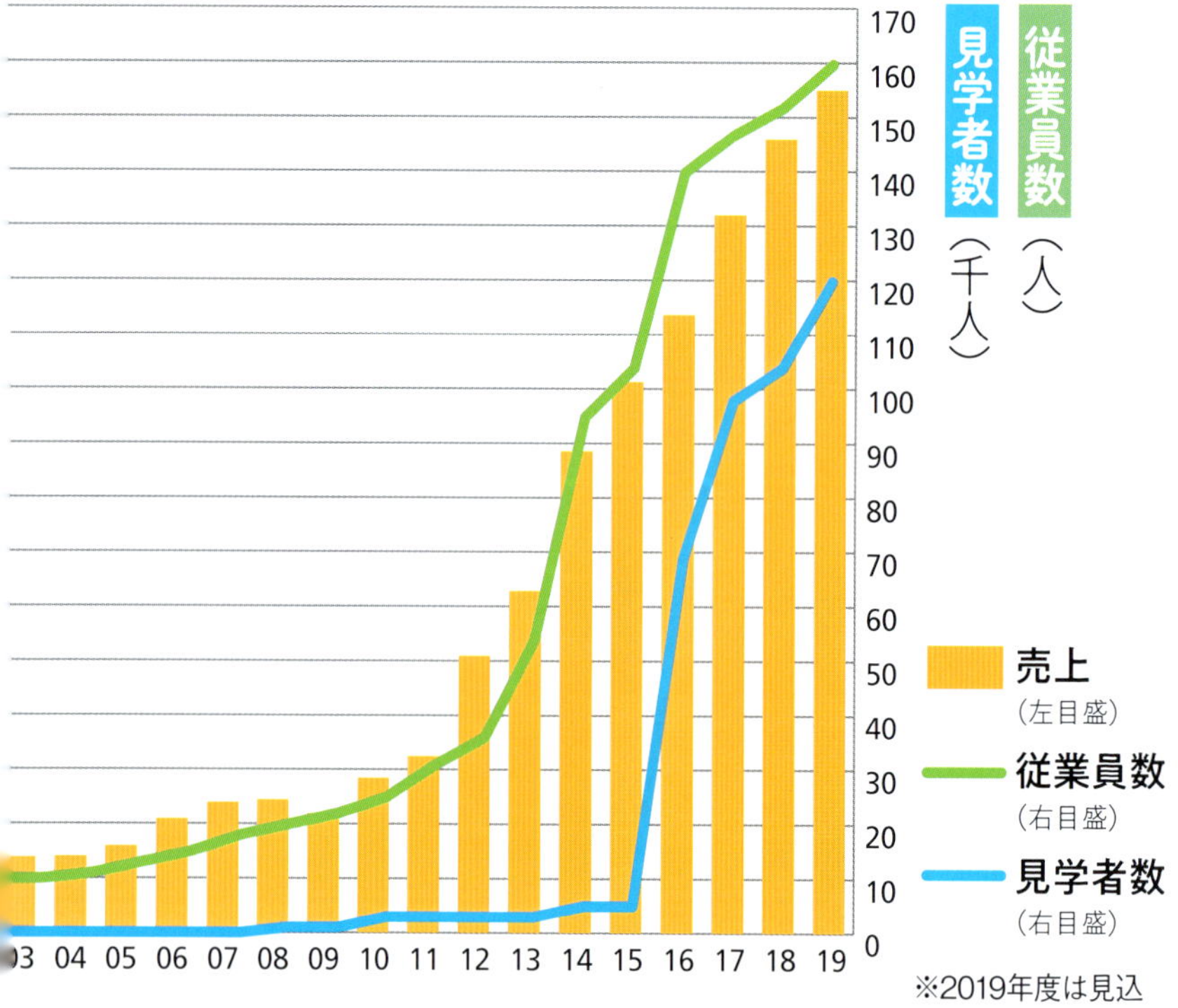

能作の売上、従業員数、見学者数の推移（1984〜2019年度）

社員15倍！
見学者300倍！

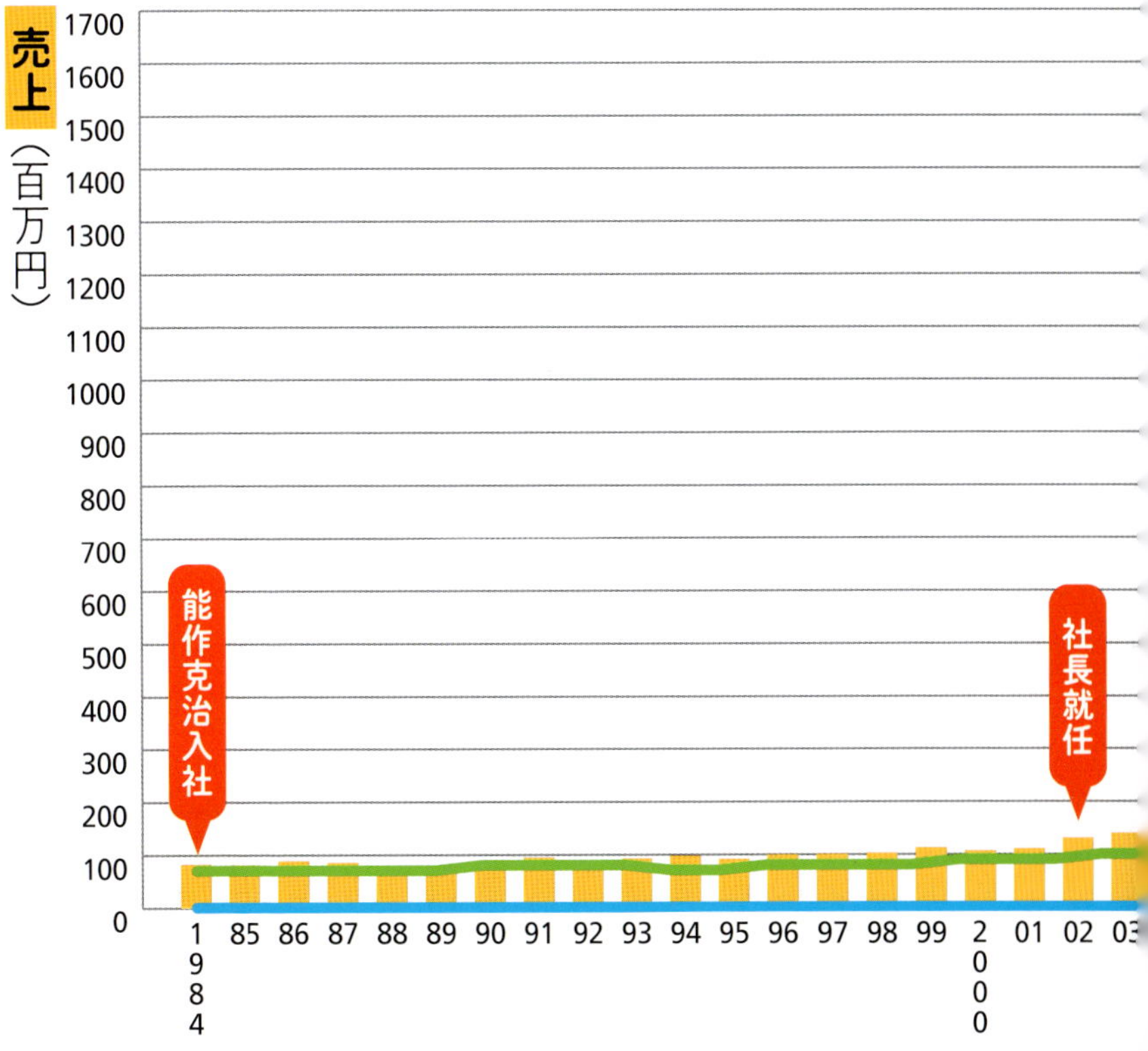

After

社員15倍！見学者300倍！踊る町工場「能作」の工場見学ツアーへようこそ！

▲世界遺産バス「能作前」バス停

それが今はどうだろう。

2017年、13億円の売上のときに16億円を投資した「新社屋」が話題沸騰！

北陸新幹線・新高岡駅（2015年3月14日開業）からタクシーで3000円以上（15分前後）の片田舎に国内外から人が殺到！　世界遺産バスのバス停までできた。

『カンブリア宮殿』（テレビ東京系）でも取り上げられ、
有名芸能人一家も結婚10周年の「錫婚式《すずこんしき》」を行った。

2002年社長就任時と比較し、
社員15倍、見学者300倍（売上10倍）を記録。

今、「富山の奇跡」とも言うべき現象が起きている！

◀突如現れる「能作」の文字と
真鍮《しんちゅう》の正面玄関

▼あたりは何もない富山の片田舎

▼エントランスに並ぶ「100の花《か》器《き》そろり」

昼の能作

今はアンビリーバブル劇場

夜の能作

年間12万人の見学者

▲一大インスタ映えスポットになったエントランスにある約2500種の木型

◀年間12万人の見学者のうち女性客が約7割

◀地元のおすすめがわかる「TOYAMA DOORS」

今はアンビリーバブル劇場

NOUSAKU LAB

▼どの世代も楽しめる鋳物《いもの》製作体験

▼夏休みの思い出づくりに

IMONO KITCHEN

▲午後のやすらぎのひととき

◀人気No.1「職人カレーセット」（錫《すず》の器で楽しめる）

▲人気の「のベーグル」

▲みんな笑顔でランチ

カフェのすぐ横に
◀キッズスペースも

今はアンビリーバブル劇場

▲限定品も揃う「FACTORY SHOP」

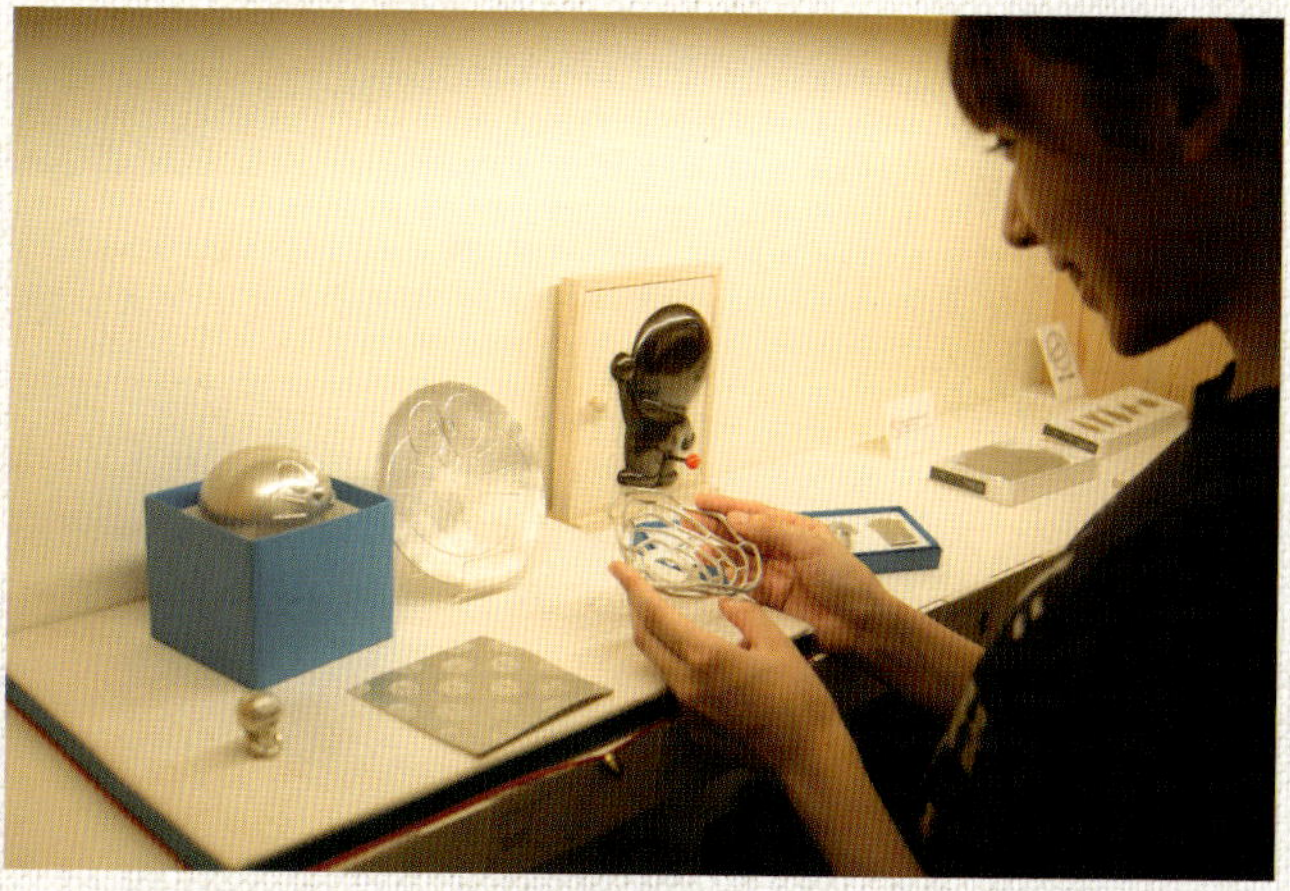

▲「ドラえもん」シリーズに笑顔

踊る イケメン職人

▲プライドを持って仕事に没頭するイケメン職人

◀1200度を超える真鍮《しんちゅう》の熱風と対峙《たいじ》する職人

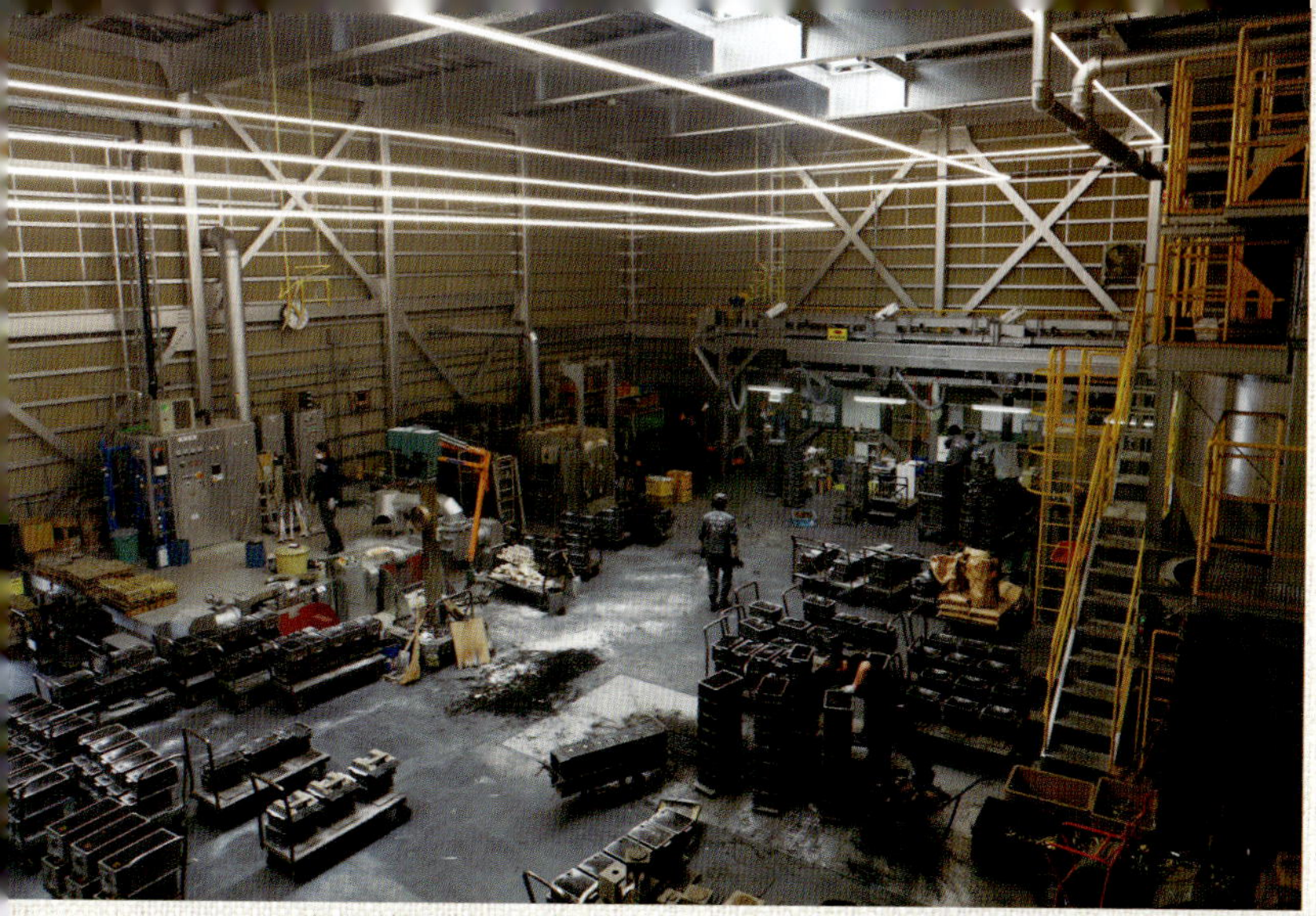

▲工場を上から見ると

▲職人の手が語る

◀職人同士、
息を合わせて

▲職人の横で「電車ごっこ」中

▲わくわくの園児たち▲

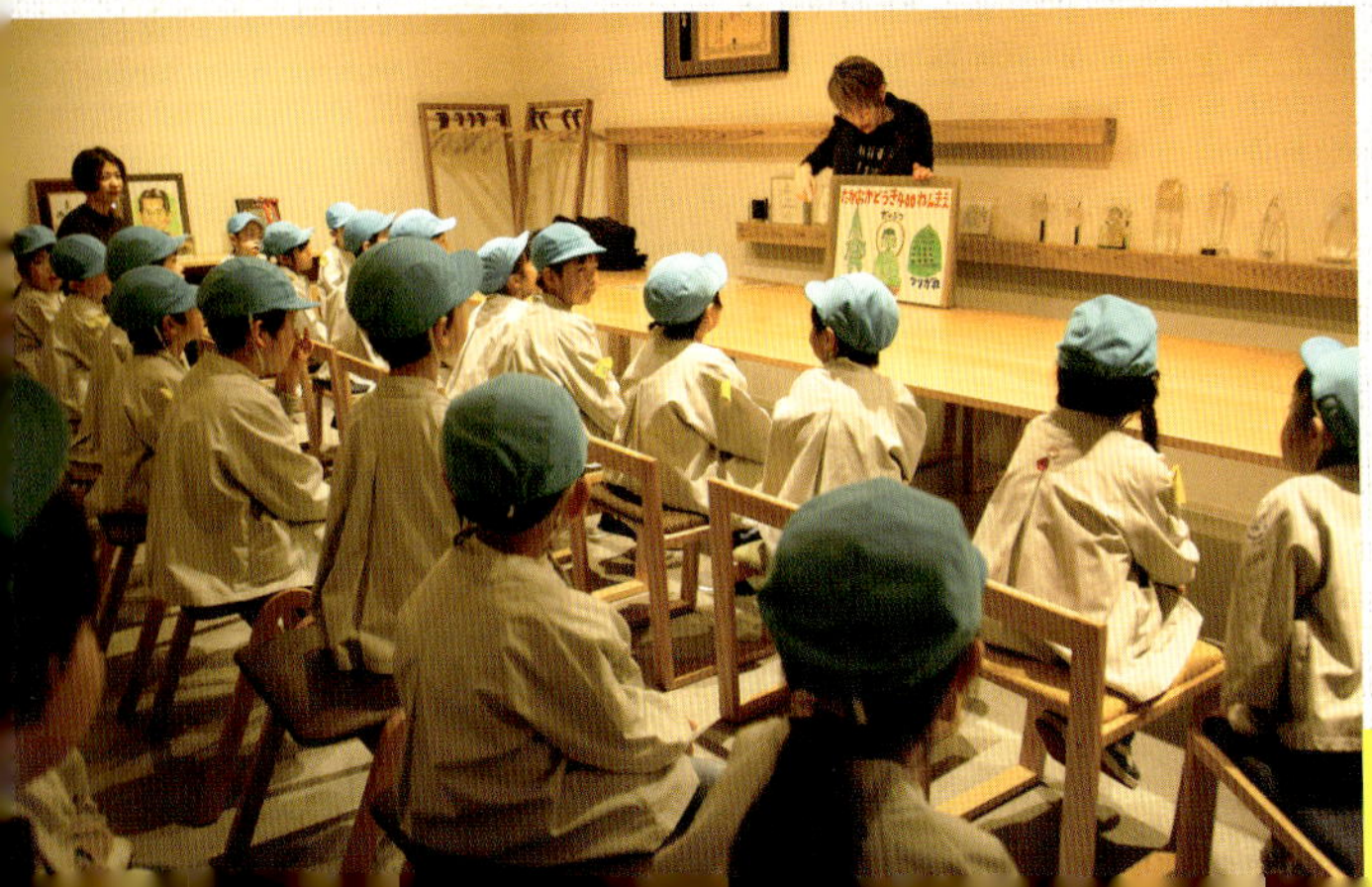

◀町工場で
紙芝居?

「伝統産業に轍《わだち》をつける」
「より能《よ》い鋳物《いもの》を、より能《よ》くつくる」

プロローグ

社員15倍！　見学者300倍！　今、「踊る町工場」で起きていること

高給・大手新聞社カメラマンから薄給・鋳物《いもの》職人へ

株式会社能作《のうさく》は、1916（大正5）年に創業した鋳物《いもの》メーカーです。

「鋳物」とは、金属の材料を熱して液状にした状態で型に流し込み、固まった後、型から取り出してできた金属製品のことです。

富山県高岡市で400年の歴史を持つ鋳物技術を受け継ぎ、仏具、茶道具、花器《かき》、近年では、テーブルウェア、インテリア雑貨など、お客様の声に応えるものづくりに努めています。

富山県には**「旅の人」**という方言があります。「県外出身で富山県に移住してきた人」のことで、僕も「旅の人」でした。

僕は福井県出身です。大阪芸術大学で写真とデザインを学び、卒業後は大手新聞社の報道カメラマンとして3年間勤務。

「能作」の一人娘との結婚と同時に「婿《むこ》（能作姓）」となり、1984年、27歳のときに義父が代表を務める鋳物メーカー「有限会社ノーサク」に入社しました（2002年、僕の社長就任時に「株式会社能作」へ改組）。

「能作家は代々女系家族で、義父も婿養子だった（ちなみに、僕の3人の子どもも女性）」
「伝統を絶やすわけにはいかない」
「もともと美術志向で、ものづくりに興味があった」
という理由で、職人の世界に飛び込んだのです。

鋳物職人の仕事は、**薄給**でした。

肩書きこそ「専務」と立派でしたが、**月給は13万円**。手取りで月9万円そこそこ、**年収は約150万円**でした。

大手新聞社の報道カメラマン時代の年収は、入社3年目で約500万円でしたから、当時の**3分の1以下**です。

正常血液量の2分の1を下血、瀕死の状態に

鋳物職人の仕事は、**過酷**でした。

鋳物砂《いものずな》が焼けるにおいは独特です。流し込む前の溶けた金属はとても熱く、溶解した真鍮《しんちゅう》は**1200度**を超えます。砂と汗で、四六時中、体はベトベトです。

細かい砂を使うため、空調を使うわけにはいきません。ですから、夏はTシャツを何枚も着替える蒸し暑さです（一方、冬はとても寒い）。

過酷な現場に身を置き、1年間で**体重が30キロも減る**ハードワークを経験しました。

鋳物職人として、朝早くから夜遅くまで、がむしゃらに働く毎日。人手が足りないので土日もない。昼食は5分で手早くすませ、すぐに作業に戻りました。

過労から下血が止まらなくなり、それでも無理を重ねていたら、突然、トイレの中で気を失いかけたことがあります。

「こんなところで死んだら、恥ずかしい。あかん、あかん」と、なんとか正気を保ったものの、瀕死の状態で病院に運ばれ、緊急輸血。僕の体重から計算すると、血液量は「8リットル」が正常なのに、体の中には、その半分の**4リットル**しか残っていなかったのです。

医師から、

「全血液量の3分の1以上が失われると、非常に危険。ショック死してもおかしくない」

と宣告され、**3週間の入院**を余儀なくされました。

退院後、僕はこれまで以上に鋳物づくりに精を出しました。

高岡の鋳物業界は、不景気による廃業が相次いでいて、能作の経営も火の車。会社の実情に不満を抱き、去っていく職人もいました。

働いて、働いて、働いて、働き続けなければ、売上は上がらない。

鋳物をつくって、つくって、つくり続けなければ、他の鋳物工場と同じように廃業に追い込まれてしまう……。

僕に、体をいたわる余裕はありませんでした。

背筋が凍りついた、ある母親のなにげないひと言

伝統を受け継ぐ職人としての誇りが、汗にまみれて働く毎日を支えていました。

しかし、今から30年ほど前、その誇りが揺らぎかけたことがあります。

当時にしてはかなりめずらしく、「工場見学したい」という親子から連絡をいただきました。

小学校高学年の男の子と、その母親でした。

僕は嬉しくなって、鋳型《いがた》の造型の作業をお見せしました。

ところが、母親はさほど興味を示さず、それどころか僕に聞こえる声で、息子さんにこう言ったのです。

「よく見なさい。

ちゃんと**勉強しないと、**
あのおじさんみたいになるわよ」

勉強しないと、こんな仕事をやることになる……。母親の心ないひと言に、僕は凍りつきました。

地元の人が鋳物職人の地位を低くみなし、伝統産業を軽んじている現状に、唖然《あぜん》としました。

誇りを持って仕事をしてきたつもりなのに、鋳物の仕事、職人の地位はなぜここまで低いのか。悔しさに震えました。

そしてこの日、僕は、心に決めたのです。

「鋳物職人の地位を取り戻す」

そのためには、**「地元の人の意識を変えよう」**と。

３Ｋ職場のイメージを払拭する3つのこと

当時はバブル経済の真っ最中で、僕らの仕事は３Ｋ職場（きつい、危険、汚《きたな》い）の典型と見られていました。伝統産業に対する偏見を払拭するために、そして、「鋳物の魅力」「地域の魅力」「職人の実力」を知ってもらうために取り組み始めたのが、次の「３つ」です。

①技術を磨いて問屋の信頼を得る
②自社製品を開発・販売する
③工場見学を受け入れる（産業観光に力を入れる）

①技術を磨いて問屋の信頼を得る

高岡の鋳物産業は、多くの伝統工芸の産地と同じく、問屋制です。各工程を担当する専門業者の分業によって成り立っています（問屋が中心となって、鋳物づくりの工程を取り

高岡の鋳物産業の流通経路

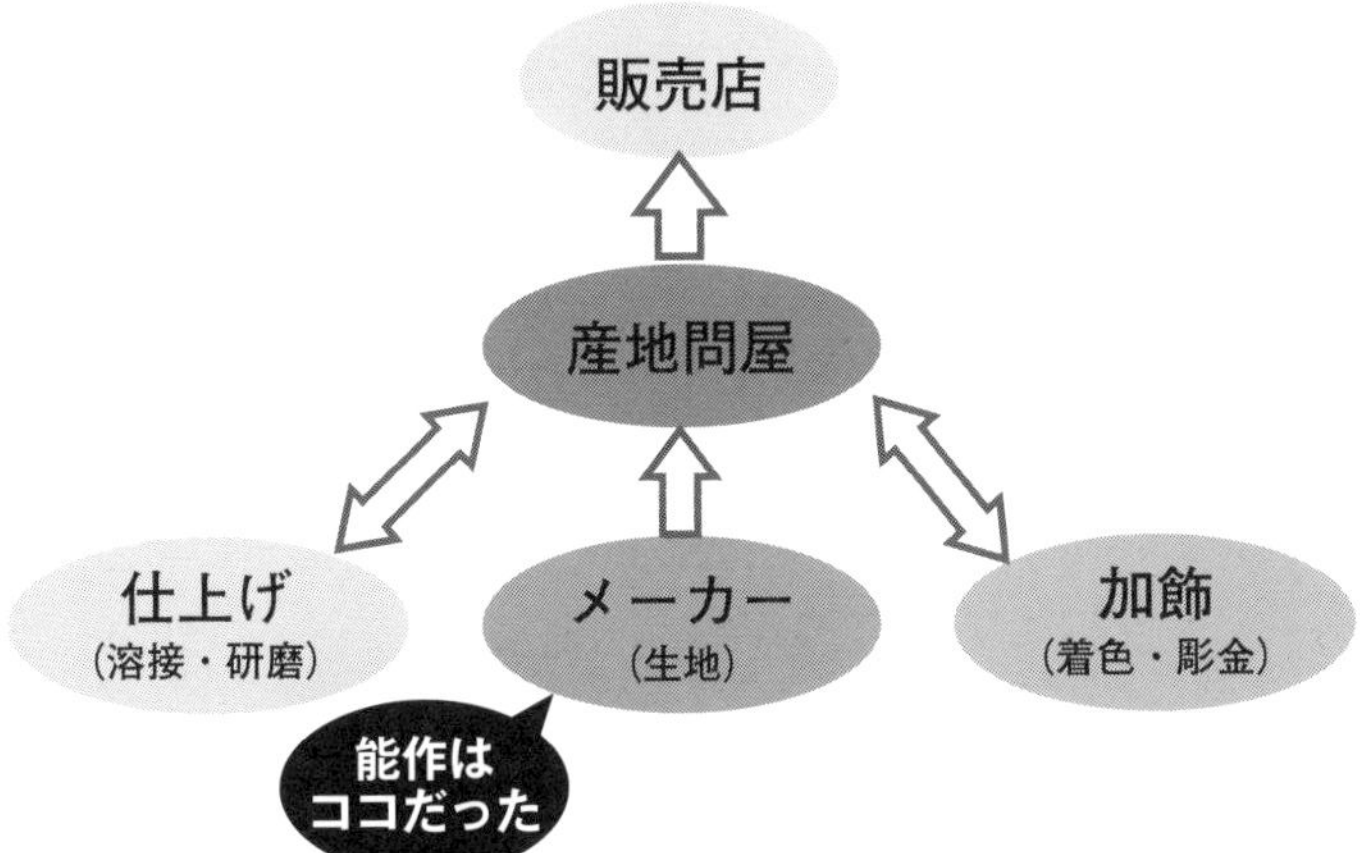

分業のため商品開発、販路開拓が困難

まとめる）。能作は、「鋳物素材を成形して、問屋に卸す生地《きじ》メーカー」です。生地というのは、着色、研磨、彫金《ちょうきん》など、加飾《かしょく》をする前の製品のことです。

より多くの注文を受けるためには、まず問屋に認めてもらう必要があります。しかし、当時の能作は、問屋から嫌がられていました。なぜなら、製品のクオリティが低く、能作がつくる鋳物は、汚かった（傷が多かった）からです。

「技術を売る立場」である以上、技術力こそが生命線です。

そこで、競争相手の同業者にも教えを請《こ》いながら、鋳物づくりに明け暮れました。

No. 2
60・4・15

4.製造直販

※パンフレットを知人などへ配布する。当然問屋へ圧力がかかる方法は絶体さける。

※パンフレットを自社商品を再認識してもらう為問屋へもち込む。

※販売方法として文化教室など有望。又、茶道、華道の家元へ直に売り込む。直販店を持つようにする。

5.問屋関係の充実

※接極的に問屋を回りニーズをさぐる。

※新商品は売り込みを行う。又、問屋別売上表により販売強化を計る。

※止め型について契約書を取りかわす。(止め型整理必要)

6.社員関係の充実

※週に一度の管部会議、月に一度の全体会議を持つ。よりスムーズな生産性をあげる為社員との交流を計る。(分担を決める。その他リクレーション等)

7.観光ルートの一端

※マスコミに高岡銅器、ノーサクを知ってもらう為観光ペースにのせる。

具体案)
1.朝日新聞旅行会社等への呼びかけ。
2.展示室を充実させる。
3.工場内の整備及び順路の見当。
4.会社、高岡銅器案内のリーフレット作成。
5.直販の為の¥3,000、5,000、10,000見当の商品開発 他社製品も置く。(竹中製作所との関係注意)。
6.二階会議室での説明会など。
7.販売方法の見当。

8.製造的強化

※経費節約、製造行程の短縮化。

※OA、FAの現実化。

コクヨ シヨ-110 (38×30)

※誤字はあえて当時のまま掲載しました(1985年4月15日のノート)

ノーサクプラン

No. 1
60・4・15

会社発展のため5年計画をもって実行出来うるものを記す。

基本方針） 茶道、華道の道具を中心とした会社創りを行なう。
ニーズに答える幅広い商品、上質な商品を作ることにより
マスコミに茶道、華道のノーサクを定着させる。

具体案） 1．一佳ブランドの確立　5．問屋関係の充実
2．新商品の開発　6．社員関係の充実
3．事務的強化　7．観光ルートの一端
4．製造直販　8．製造的強化

1．一佳ブランドの確立
※能作一佳の個展（第一回は大阪、大健ギャラリーで昭和60年秋予定）を隔年、大都市中心に開催する。それに共ない新聞、雑誌等へのPR、茶、華道関係者へのダイレクトメール等
※公けの展覧会（日展、伝統工芸展など）へ出品する。又、チャリティー展などマスコミ的な催しには必ず参加し、報道的扱いを受ける。
※ブランドが確立した場合、及び直販体制が整ってきた場合高級一佳商品を販売する為、別会社を設立する。

2．新商品の開発
※確実な情報を入手し、接極的にとりくむ。（トイレットホルダー、スタンド等）又、茶、華道具はもちろんであるが、花びんも新型を作り問屋へ売り込む。
※新商品開発の手段としてデザイナーを交じえた開発会議を年に数回もつようにする。
※新商品の販売方法として、他方面に渡る情報を入手し、最先の方法をとる、又、問屋の情報も重要視する。
※作家の作品を作り高額商品として売り込む。

3．事務的強化
※必要書類として、月別売上表及びグラフ、商品種別売上表
問屋別売上表、在庫管理表、外注品管理帳、
商品リスト、商品パンフレット、問屋別商品価格表
（価格の立て直し必要）　を制作する。
※OA導入も考える。

コクヨ シヨ-110 (38X30)

ありがたいことに、〝旅の人〟の僕には話しやすかったのか、高岡の同業者が僕に技術を教えてくれたのです。専務だった僕は、「将来、能作をこう変えたい」という想いを**「ノーサクプラン」**（10〜11ページ）としてまとめ、当時の社長だった義理の父に提出しました。

一朝一夕にはいきませんでしたが、一つひとつの仕事を丁寧にやっていった結果、入社10年が経った頃には、多くの問屋から、

「能作は、高岡で1、2を争う鋳物屋である」

「能作につくれないものはない」

「能作に頼むと安心できる」

と評価されるまでに成長したのです。

下請けの鋳物メーカーが「自社製品」の開発を始めた理由

②自社製品を開発・販売する

当時の能作は、仏具、茶道具、花器をつくる下請け業者であり、問屋の指示に従って製品を納めていました。

ところが、高岡の鋳物生産は年々衰退していたため、需要が減れば、当然、問屋からの発注量も減ってしまいます。

こうした状況に歯がゆさと危機感を抱いていた僕は、自社製品の開発に取り組んだのです。

【自社製品の開発を始めたおもな理由】

- 問屋に依存しすぎる体制は、リスクが大きい。今までと同じやり方では将来が見えないと感じたから
- メーカーである以上、自分たちがつくりたいものをつくり、自分たちの手で売ってみたいと考えたから
- 伝統の技術を活かしながら、最先端の製品をつくってみたいと思ったから
- 自分たちの技術がどこまで通用するか、挑戦したくなったから
- 「商品を使っているお客様の声」を聞いてみたいと思ったから（消費者ニーズに応える製品をつくってみたいと思ったから）

1999年、高岡市デザイン・工芸センターで、立川裕大《たちかわゆうだい》さん（日本各地の職人と建築家やインテリアデザイナーの間を取りなす伝統技術ディレクター）がコーディネートする勉強会が開かれました。

勉強会の席で、立川さんが「アレッシィ（ALESSI）」（1921年にイタリアで創業したキッチンウェア中心のブランド）社製のステンレスボウルを例示して、「東京では、これが素材感のある食器として受け入れられている」と解説されたのです。その食器を見た僕は、「技術的には能作も負けてはいない」と感じました。

卓上のハンドベルは「30個」惨敗、風鈴は「3000個」バカ売れ

「創業時期が近いこと（能作……1916年、アレッシィ……1921年）」

「能作もアレッシィも少人数でスタートしたこと」

「海外展開を視野に入れていること」

など、能作とアレッシィには共通点も多かったことから、僕はアレッシィを参考にしながら、自社製品の開発に乗り出したのです。

能作初のオリジナル作品、卓上の「ハンドベル」

能作初のオリジナル作品は、卓上の**「ハンドベル」**です。能作が満を持して世に問う自信作でした。

なぜ、ハンドベルをつくったのか。それは、日本にハンドベル文化をつくりたいと思ったからです。当社が扱ってきた真鍮は音の鳴りがよく、「おりん（棒で打ち鳴らして用いる仏具）」の製造でも定評があったため、「和」から「洋」につくり変えればヒットすると考えました。

ところが、結果は**大惨敗**。売れたのは、お取扱いをいただいた12店舗合わせても、**3か月でたった「30個」**でした。

考えてみると、日本のライフスタイルの

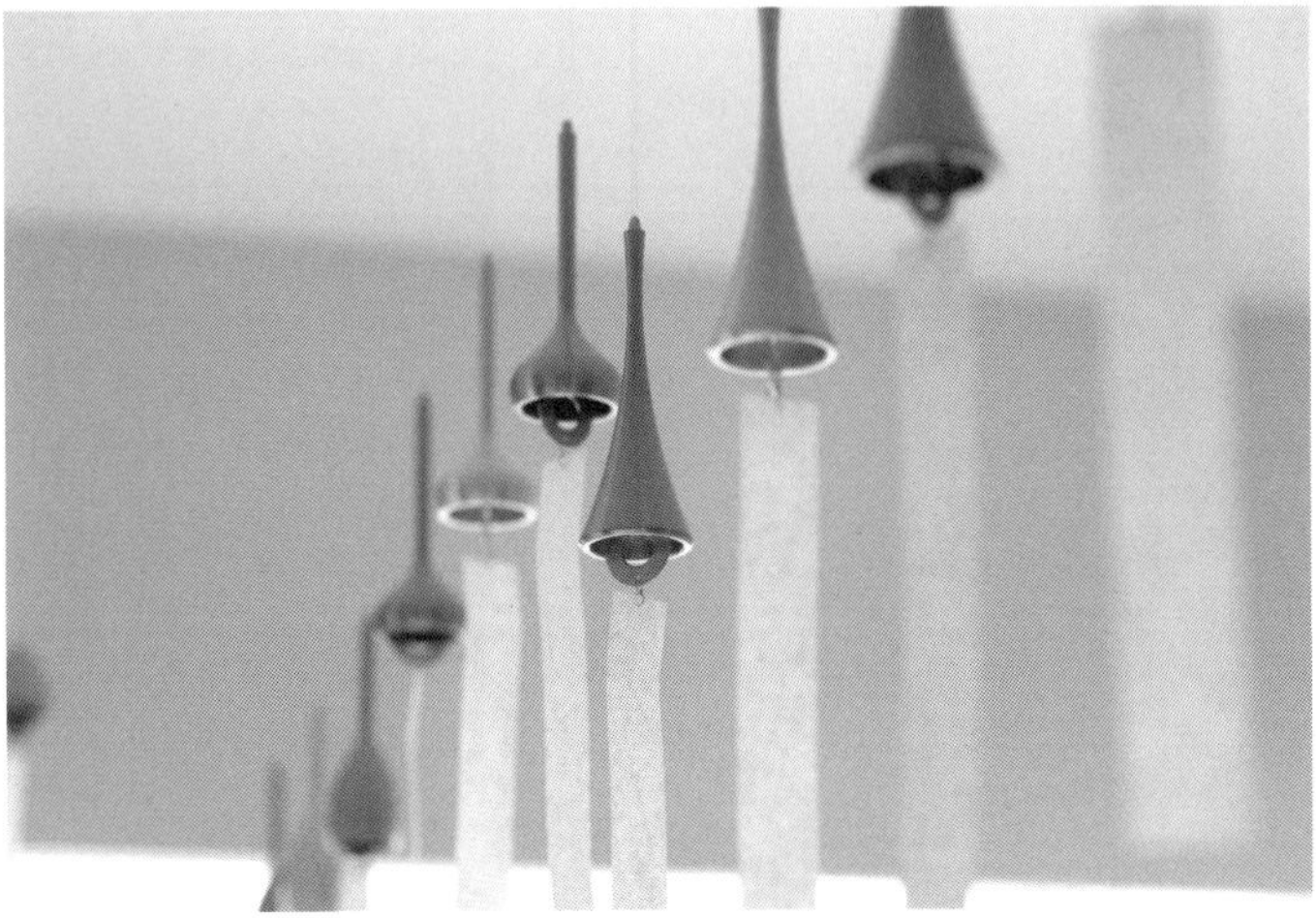

3か月で3000個も売れた「風鈴」

中では、ベルを使う習慣がありません。ご主人が奥さまを呼ぶ際にベルを使うことはないと思います。僕は、日本のライフスタイルに合っていない製品をつくってしまったわけです。

その後、ショップ店員さんからの「音色がとてもいいから風鈴にしたらどうか」という意見をヒントに「洋から和」への転換を図り、ハンドベルから風鈴へアレンジしたところ、狙いが的中。**たった3か月で、1個4000円もする風鈴が「3000個」も売れた**のです。

世界初の「錫《すず》100%」の食器はどうやって誕生した？

風鈴はヒットしましたが、用途が限られ、広がりがない。
そんなとき、風鈴を扱っていただいていたショップの店員さんが、

「能作さん、食器をつくると売れると思いますよ」

とアドバイスをくれました。

能作の技術があれば、食器をつくることは可能です。ただし、得意の「銅」は、変色しやすいことと食品衛生法上の理由から使うことができません。
そこで、抗菌性が高く、食器として使用可能な **「錫」** に着目しました。

欧米では、錫と鉛《なまり》の合金が高級食器に長く使われてきましたが、鉛が人体や環境に及ぼ

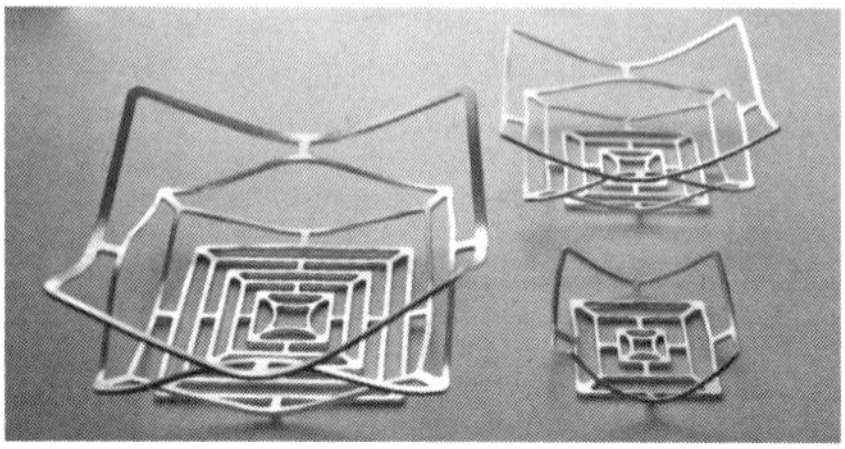

┃三越などでも大人気の「曲がるKAGO」シリーズ┃

す影響を考えると、鉛を使うのは得策ではありません。

日本では錫鋳物の産地として、大阪、鹿児島、海外ではシンガポール、マレーシアが有名ですが、他産地は「ピューター」と呼ばれる合金を使用しています。

決して合金が悪いわけではありませんが、ものマネをしてしまうと、他産地に迷惑をかけてしまうかもしれません。

そこで、合金ではなく、**世界で類を見ない「錫１００％」の食器**をつくることにしたのです。

純度１００％の錫はとてもやわらかいため、硬度を上げるために金属を加えるのが一般的です。

しかし能作は、逆にその特性を最大限に活かし、グニャッと曲げたり伸ばしたりできる**変幻自在の器**を完成させました。

そのヒントをくださったのが、デザイナー、小泉誠《こいずみまこと》さんのひと言です。

「やわらかいのだから、硬くしなくていい」
「曲がるなら、曲げてしまえばいい」

はじめは「曲がる」「やわらかい」という欠点を克服できずに試行錯誤しましたが、この逆転の発想によって、能作を代表する「曲がるＫＡＧＯ」シリーズが誕生したのです（風鈴と「曲がるＫＡＧＯ」が完成するまでのエピソードは、第2章で詳しくお伝えします）。

なぜ「町工場」が富山県随一の観光スポットに？

③工場見学を受け入れる（産業観光に力を入れる）

高岡の人たちに、

「高岡銅器は衰退産業ではない」
「高岡の鋳物の技術は、世界に通用する」
ことを示すために、能作では1990年から、無料で工場見学を受け入れています。
2017年に新社屋を竣工《しゅんこう》してからは、鋳物製作体験工房やカフェ、ショップを併設し、産業観光の拠点として注目されるようになりました。

産業観光とは、工場やものづくりの現場を観光資源として活かす取り組みで、企業博物館や工場見学などを指します。

能作が産業観光に力を入れる理由は、おもに次の「4つ」です。

【産業観光の目的】

①ものづくりの魅力を広く発信し、伝統技術の継承や地域の活性化につなげる
②県内観光（富山県）のハブ的な役割を果たす
③産業観光に取り組む企業が増えるように、轍《わだち》をつける

④子どもたちに、地域の素晴らしさ、伝統産業の素晴らしさを伝える

産業観光の取り組みが少しずつ地域に認められ、職人に対するかつての偏見は、「憧《あこが》れ」に変わりつつあります。

「3K職場」として見向きもされなかった能作に、今では「職人希望」の若者が全国から集まってきます。幼少期の工場見学がきっかけで、後に「職人」として能作に入社した女性社員もいます。

事業の拡大にともない、職人は約60人まで増えました。**平均年齢は32歳。**

錫製品のシリコーン鋳造（能作の独自技術）をはじめ、錫製品の医療分野への応用など、新たな技術の研究開発に携わる職人もいます。

旧社屋には、移転前年（2016年）で、年間約1万人の見学者が訪れるようになっていました。

新社屋では、インフラが整ってきたこともあり、初年（2017年）に倍の2万人の来場を見込んでいました。しかし、出足好調で目標を5万人に上方修正。さらに現在では、

それをも大きく上回る**「月1万人ペース」（年間12万人）**の来場が続いています。

高岡市内の観光スポットと言えば、瑞龍寺《ずいりゅうじ》（年間約17万人）、高岡大仏（年間約10万人）が有名ですが、この2つの有名スポットに来場者では引けを取らないほど、能作は認知され始めています。

僕が社長に就任した2002年当時と現在を比較すると、**見学者は300倍**に増えました。**中小企業の工場見学者数としては、なかなか例を見ない数字**だと思います。来場客の内訳は、県外からが約7割、中国や台湾、アメリカなど海外からの来訪もあります。

僕の会社は、北陸新幹線・新高岡駅からタクシーで15分ほどのところにあり、料金は日中でも3000円以上かかります。そんな片田舎に、これだけの方がこられるとは、まったく思いもしませんでした。

見学者の小学生からは、**「ディズニーランドよりも楽しかった」**と、嬉しい言葉をいただいたこともあります。

MoMA（ニューヨーク近代美術館）デザインストアが認めた能作クオリティ

「伝統的な技術を活かして、ライフスタイルに合った製品を開発する」（自社製品）
「地元高岡の発展のために、産業観光に注力する」（工場見学）

どちらも、「職人技の魅力を伝える」という取り組みの延長線上にあります。

能作は、高岡400年の鋳造技術を受け継ぎながら新機軸を打ち出し、急成長を遂げてきました。

自社で販売経路も開拓し、現在、国内の直営店は13店舗。ニューヨークや台北、バンコクでも店舗を展開するなど、積極的に海外にも挑戦し、マーケットを拡大しています。

2008年には、オリジナルデザインのハンドベルが**MoMA（ニューヨーク近代美術館）デザインストア**の販売品に認定されました。さらに、2017年に販売を開始した「KAGO-スクエア-L」も実店舗およびオンラインストアでセレクトされ、ニューヨークで

ニューヨークでも大好評

ヒット商品となりました。

２０１９年９月には、東京で４店舗目の直営店となる**「コレド室町テラス店」**がオープン。本社を除くと**能作初の路面店**（23坪）であり、通常のラインナップに加え、高岡のものづくり技術を結集させた、ハイグレードな新ライン「能作プレステージ」を展開しています。

「行き当たりばったり」こそ正しい経営

僕は、基本的に**「行き当たりばったり」の経営**をしています（笑）。

なぜなら、そのほうが錫と同じで**臨機応変に、柔軟に対応**できるからです。


「利益の配分のしかた」に経営者の考えが表れるとすれば、僕の場合は、お金を「貯め込もう」とも、「使いきろう」とも思っていません。

「来年度は、この事業をこうする」「来年度は、ここにお金を投資する」と計画を立てるのではなくて、**「使うときがきたら使うし、使う予定がないなら使わない」**という緩い考え方です。


「受注が増えてきた。じゃあ、人を採用しよう」

「材料が足りなくなってきた。じゃあ、材料を調達しよう」

「機械が必要になった。じゃあ、機械を購入しよう」

と必要に応じて対応しています。

「株式会社 Hacoa（ハコア）」（越前漆器の木地《きじ》技術を応用した木製雑貨メーカー／福井県鯖江《さばえ》市）が主催したトークショーに招かれたときのことです。

「能作もHacoaも楽しく仕事をしている」ことを知った傍聴者の女性から、トークショー後の懇親会で次のような質問がありました。

女性：能作さんには、数字の目標はないのですか？

能作：目標も、計画も、それほど細かく決めてはいません。計画を守ろうとすると、義務感が生じて「やらされ仕事」になってしまう。仕事は自由にやったほうが楽しいですからね。

女性：私の場合だと、次から次へと上から指示されるので、自由に仕事をするのは難しいですね。数字や計画が優先ですから……。ある程度は任せていただき、自由にやらせてもらったほうが力を発揮できるのに……。

能作：ムチを打って無理やり仕事をさせたところで、生産性は上がりませんよね。単純な話で、僕は、**「楽しく仕事をしていれば、お金は後からついてくる」**と考えているんです。

楽しくない仕事なら、やらないほうがいい。おかげさまで能作は順調に売上が伸びていますが、その理由を極論すれば、**特に計画を立てず、楽しいと思うこと、やりたいと思ったことだけをやってきたから**です。

〝踊る町工場〟といわれる理由

僕は、**「数字至上主義は、仕事をつまらなくする」**と思っています。

能作の原動力は、**「楽しむこと」**です。

目先の利益よりも大事なのは「楽しさ」であり、「楽しんで仕事をしていれば、お金は勝手についてくる」と信じています。

僕も社員も、「次から次へと、新しい仕事を手がける」ことが何よりも楽しい。

工場見学にきた人が、あるとき、言いました。

「私が工場見学をしたとき、1200度を超える真鍮の前で、筋肉ムキムキの若手職人が真剣に熱風と対峙《たいじ》していました。その近くでは、軽やかに型をつくる職人。彼の無駄のない動きに度肝《どぎも》を抜かれましたね。さらに、幼稚園児や保育園児が職人のすぐ横を**電車ごっこ**をしながら工場見学している姿も印象的でした。まさに、ここは〝**踊る町工場**〟ですね」

伝統産業とひとをつなぐ「楽しいこと」に、とことん投資

僕は、これまで「楽しい」と思ったことには惜しみなくお金を使ってきました。

- 新高岡駅から車で約15分の地に、**売上が13億円のときに16億円**をかけて新社屋を建設。
- 企業秘密の約2500種の木型を公開したら、**若者の一大インスタ映えスポット**に変貌
- 平均年齢32歳の職人の横を、工場見学にきた子どもたちが**笑顔で「電車ごっこ」**
- ゴールデンウィークには1回500円の**鋳物ガチャガチャ**や**「大仏焼」**で大盛り上がり
- カフェ（IMONO KITCHEN）の**「職人カレーセット」**が大人気メニューに
- 「観光カード」で富山15市町村のおすすめ店やスポットを紹介し、**地域と共存共栄**
- **世界初、100％錫の「曲がる食器」**がニューヨークでも大人気に

- **ガンダム**、**ドラえもん**、**ファイナルファンタジー**、**ハローキティ**、**くまモン**など、キャラクター商品も大ヒット
- 創業103年の伝統の技術で、「ヘバーデン リング」など**医療分野**にもチャレンジ
- 結婚10周年を祝う**「錫婚式《すずこんしき》」**を企画し、鋳物の工場で錫婚式を開催

娘の千春（現専務）が企画した錫婚式では、県内外からのお問合せが殺到し、有名芸能人のご家族にもお楽しみいただきました。

楽しいことを続けていくと、新しい情報や新しい出会いに恵まれ、社内が自然と活性化していきます。

そして、その新しい情報や出会いが、また別の「新しい仕事」を引き寄せる。その繰り返しが能作を成長させてきたのです。

新しい仕事はリスクの塊《かたまり》です。正確な売上予測などできるはずがない。数字（売上）を目標に置いたとたん、「新しい仕事」に消極的になってしまい、会社の成長を止めてしまうことになりかねません。だからこそ、**数字よりも楽しさ**を優先しています。

| 問合せが殺到している錫婚式 |

「儲けろ！　売上を上げろ」と一切言わずに、なぜ売上が上がるのか？

僕は、社員をぎゅうぎゅうと締めつけたりはしません。

社員に対して、

「やりたいことがあれば、やっていいよ」

「仕事が嫌だと思ったら、上達はないよ」

「問屋さんやお客様に喜んでもらえる仕事をしようね」

「高岡を、富山を、日本を盛り上げていく気持ちを持とうね」

と言うことはあっても、

「儲けろ」

「売上を上げろ」

「利益を出せ」

と言ったことは「一度も」ありません。

社員に与えるべきは、ノルマではなく**「楽しさ」**です。

財務計画、資金運用計画、利益計画といった「数字」や「計画」を掲げなくても、進むべき方向さえ間違っていなければ、利益はおのずと増えてくるものです。

僕が能作に入社した当時、社員は数人でしたが、今は160人。おかげさまで2009年度以降、**売上も毎年約10%**で伸びています。2018年度の売上は**約15億円**。社長就任時と比べ、**10倍以上**になりました。

能作の業績が堅調なのは、

- 「高岡の地で、人に愛され、地域に誇れるものづくりをする」
- 「より能《よ》い鋳物を、より能《よ》くつくる」

という僕たちの信条が、富山県民をはじめ、国内外の多くのお客様に支持されたからです。

そして社員が、自分のやりたい仕事を、楽しみながら実現してきた結果です。

「金属は硬い」「食器は硬い」という常識にとらわれず、逆転の発想で「やわらかい食器」

能作の売上、従業員数、見学者数の推移（1984~2019年度）

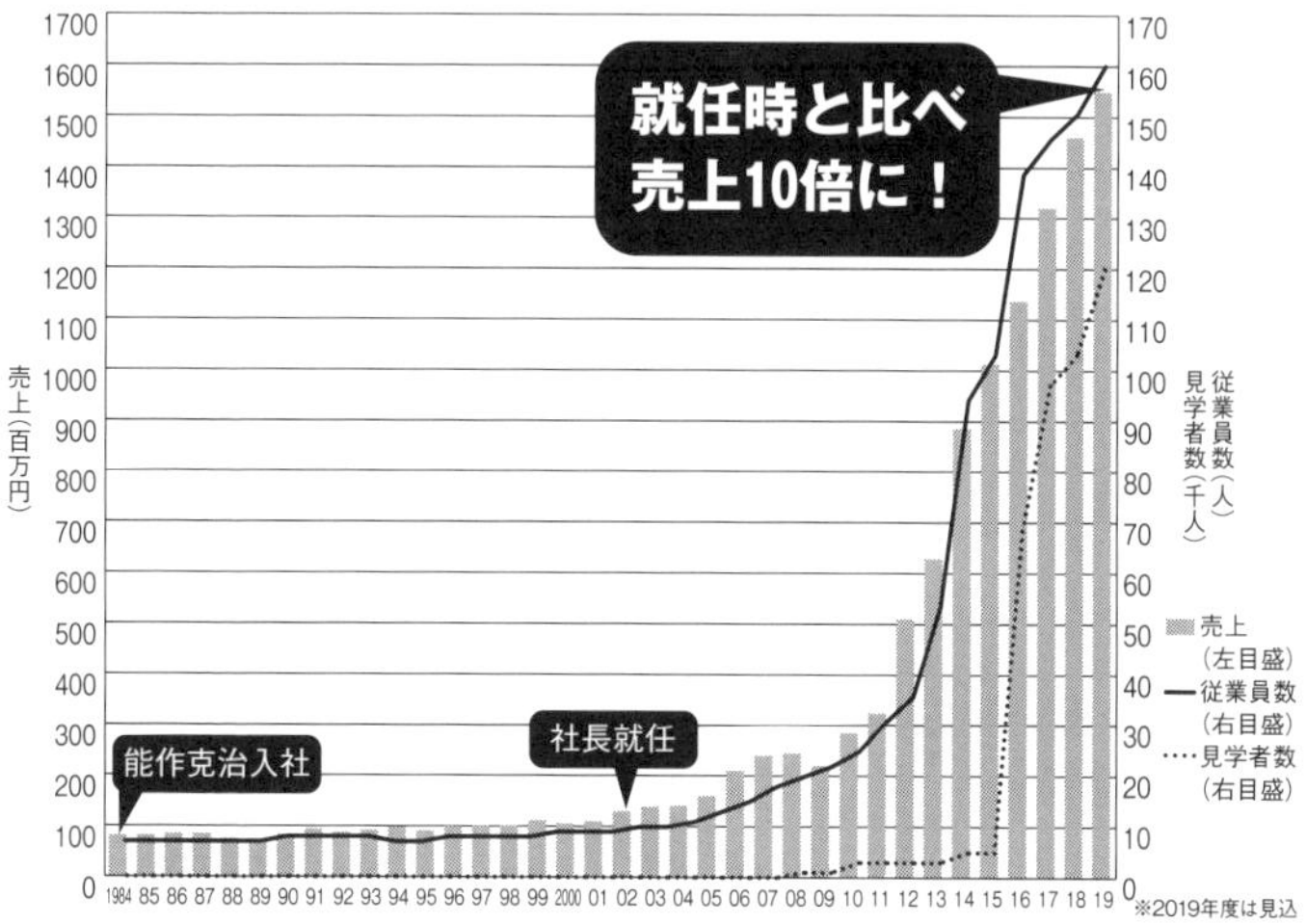

をつくったように、僕の経営者としての哲学もまた、多くの経営者とは違って**「逆転」**しているのかもしれません。

【能作の「しない」経営方針】

- 能作は、「儲け」を優先**しない**……儲けではなく、**「楽しむこと」**を優先する
- 能作は、社員教育を**しない**……教えるのではなく、**自分で気づかせる**
- 能作は、営業活動を**しない**……営業する側ではなく、**営業される側**になる
- 能作は、同業他社と戦わ**ない**……競争ではなく、**共創**《きょうそう》する

能作は、経営方針も社員教育も、多くの

会社とは対照的です。

・封建的な問屋制度の中で、能作は**独自路線**を歩み、なぜ**地域と共存共栄**できたのか？
・下請けだった能作が、**自社製品を開発**し、なぜ**百貨店や海外に販路**を開拓できたのか？
・「儲けろ、利益を出せ」と一切言わずに、なぜ**社員15倍・見学者３００倍**になったのか？
・社員教育をせず、営業をしないで、なぜ**売上が10倍**になったのか？
・新高岡駅からタクシーで３０００円強の片田舎に、なぜ**年間12万人が殺到**するのか？
・右肩下がりの伝統産業の中で、なぜ**新分野へ次々とチャレンジ**し続けられるのか？
・平均年齢32歳！　なぜ**若手社員がイキイキ働き、全国から応募者が殺到**しているのか？
・伝統産業なのに、なぜ従業員１６０人中**80人が女性**で、管理職の**４割**が女性なのか？
・なぜ、工場見学者の**約７割が女性**なのか？

工場見学にこられた方からも「能作さんはどんな経営をされているのですか？」と、訊《き》かれることが多くなってきました。

僕の初めての本を出版するにあたり、能作の経営スタイルについて出し惜しみなく紹介しようと思います。

数々の能作の取り組みが、不景気にあえぐ中小企業の、伝統産業の、下請け業者の、さらにはビジネスパーソンの方々のヒントになれば、著者としてこれほど嬉しいことはありません。

２０１９年9月吉日

株式会社能作 代表取締役社長 能作克治

〈社員15倍！ 見学者300倍！〉踊る町工場 ― もくじ

第1章 社員教育をしないと、社員が早く育つ理由

第4章 同業他社と戦わず地域と共存共栄しながら、見学者が300倍になった仕組み 145

第5章 あえて計画は立てず、やりたいことは全部やる 171

第1章

社員教育をしないと、社員が早く育つ理由

なぜ、社員教育をしないと社員がイキイキするのか？

よく、「能作さんは、社員教育が素晴らしい」と言われますが、僕には「教育をしている」という実感はありません。

僕は、社員に細かく指示を出すことも、「ああしろ、こうしろ」と強制することも、社員教育を義務化することもありません。

なぜなら、

「仕事に真剣に取り組み、夢中になっていれば、おのずと何をすべきか見えてくる」

「人に教えられるより、自分で腹落ちしたほうが成長する」

と考えているからです。

能作の人材育成の考え方は、次の「7つ」です。

【能作の人材育成に関する7つの考え方】

①教えるのではなく、気づかせる

②教える人がいないほうが、早く育つ
③個性を大事にする
④好きこそものの上手なれ
⑤「やりたいこと」はやらせてみる
⑥社長が率先して現場に出る
⑦多能化に取り組む

①教えるのではなく、気づかせる

教育とは、「教えることではなく、気づかせること」だと思います。

ルーティンワークはマニュアル化できたとしても、「仕事との向き合い方」「鋳物職人としての誇り」「能作の社員としての自覚」といった「人としてのあり方」については、人から教わるものではなく、社員が自分で気づくものです。

僕が言うのは、せいぜい、

「能作は、富山県の高岡で400年の歴史のもとにある。能作の仕事は地域のための仕事だから、そのことだけは忘れずに」

ということだけです。

僕は、30年以上前から「産業と観光を結びつける必要性」を感じていました。ものづくりの魅力を伝えようと、旧工場にも小さな展示スペースをつくったり、10年以上にわたり、年間約１２００人の地元小中学生の工場見学を受け入れたりしてきました。「鋳物の仕事や職人について知ってもらうことが、伝統産業や地域の素晴らしさを伝えることにつながる」と考えたからです。

２０１７年に、工場、オフィス、物流、鋳物製作体験工房、カフェ、ショップからなる約４０００坪の新社屋が完成してからは、工場見学の受け入れを本格化。来場者数は当初想定の５倍を超え、「月１万人」ペース、**年間12万人**に達しています。

能作の工場見学では、「実際に、職人が仕事をしている現場」をガラス越しではない至近距離から見ることができます。

新社屋がオープンした当初は、職人たちから「気が散る」「仕事の手が止まる」といった不満の声が上がってきました。

ところが今では、**「見られること」が、彼らの「誇り」を醸成する源泉**になっています。

なぜなら、見学者（＝お客様）との接点を持つことで、職人の心の中に、

「地域に貢献している」

「自分たちの仕事に興味を持ってくれる人がいる」

「子どもたちに、職人の仕事の素晴らしさを伝えている」

という意識が芽生えてきたからです。

2018年夏に、「『いもの』を学ぼう！」という夏休み中の小学生限定見学体験プランを実施しました。高岡銅器の歴史や製造の技法を「能作オリジナルドリル」で学習したり、自分で製作したペーパーウェイトをお持ち帰りいただけたりする特別コースです（2019年も実施）。

コースの最後に「職人さんへの質問タイム」を設けたところ、「気が散る」とこぼしていた職人が、子どもたちの質問に誠実に答えていました。「見られる」という経験が、彼の意識を変えたのです。

産業観光の取り組みを通して、職人としての自尊心や、地域への貢献心が満たされます。

|「『いもの』を学ぼう！」で職人が質問に答えている風景|

誇りも、自尊心も、貢献心も、責任感も、人から教えられるものではなく、**「自分の心の中」から自然と湧き上がるもの**だと思います。

本社2階にある社員食堂には、工場見学にきた子どもたちからの手紙が掲示されています。ランチタイムには、食堂に集まった職人や事務方の社員が、一緒に手紙を見て、感想を共有しています。

今では、工場見学に使用する見本品を職人が率先してつくったり、手話のできる社員が障がいのある方への案内を買って出たり、休憩時間を削ってまで工場見学に対応するなど、自発的に動いています。

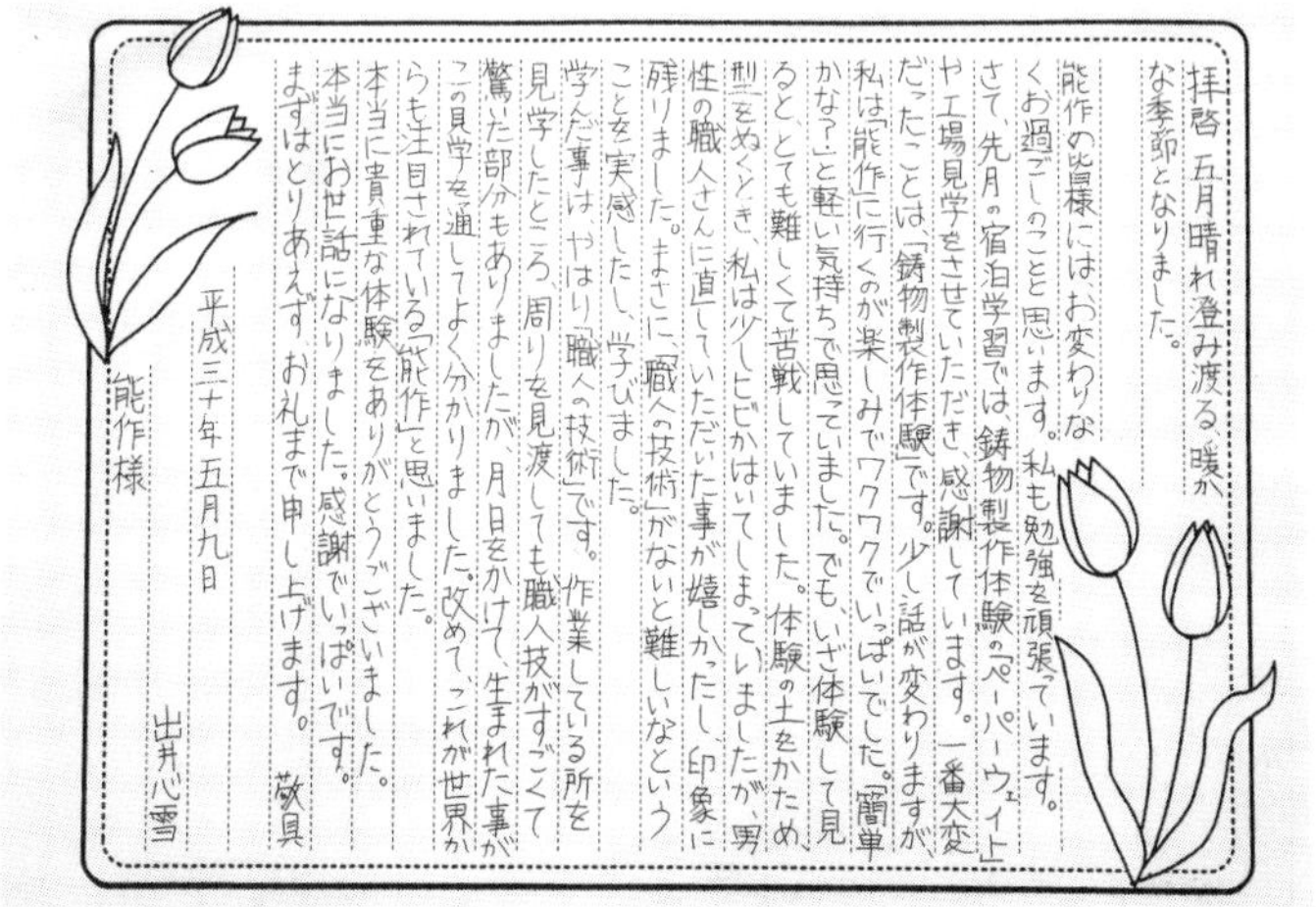

拝啓　五月晴れ澄み渡る、暖かな季節となりました。
能作の皆様には、お変わりなくお過ごしのことと思います。私も勉強を頑張っています。
さて、先月の宿泊学習では、鋳物製作体験の「ペーパーウェイト」や工場見学をさせていただき、感謝しています。一番大変だったことは、「鋳物製作体験」です。少し話が変わりますが、私は「能作」に行くのが楽しみでワクワクでいっぱいでした。「簡単かなァ？」と軽い気持ちで思っていました。でも、いざ体験して見るととても難しくて苦戦していました。体験の土をかため、型をぬくとき、私は少しヒビがはいってしまっていましたが、男性の職人さんに直していただいた事が嬉しかったし、印象に残りました。まさに、「職人の技術」がないと難しいなということを実感したし、学びました。
学んだ事は、やはり「職人の技術」です。作業している所を見学したところ、周りを見渡しても職人技がすごくて驚いた部分もありましたが、月日をかけて、生まれた事がこの見学を通してよく分かりました。改めて、これが世界からも注目されている「能作」と思いました。
本当に貴重な体験をありがとうございました。
本当にお世話になりました。感謝でいっぱいです。
まずはとりあえず　お礼まで申し上げます。　敬具
平成三十年五月九日
出井心雪
能作様

| 社員食堂に掲示されている子どもたちからの手紙 |

「とにかく、やれ」では人は動きません。「何のためにやるのかわからない」とき、人は気力を失います。

一方で、「自分は意味のあることをしている」と気づいて納得できれば、人は自分から動くようになります。

販売事業部の長澤優花《ながさわゆか》も、「新社屋ができたことによって、社員のプライドや士気が上がった」と感じている一人です。

「見学者が増えたことで、社員の意識も変わった気がします。日々多くのお客様と接することで、『自分たちはこの会社の社員なんだ』と実感する場面が多くなり、職人

さんも、事務方のメンバーも、ショップのみんなも、今まで以上に、やる気やプライドを持てるようになったと思います」（長澤優花）

②教える人がいないほうが、早く育つ

鋳物の製造は、「ひたすら型を造型し、金属を流し込んで取り出す作業を繰り返す単純な仕事」だと思われがちです。

ですが、能作は、**多品種少量生産**です。製品ごとに段取りを考え直すため、「同じ作業の繰り返し」にはなりません。

また、錫１００％の鋳造技術も、改良の余地があり、完成形ではないと思っています。

職人が、「『より能《よ》い鋳物を、より能《よ》くつくる』にはどうしたらいいか」を自分で考えるようになれば、手取り足取り教える人がいなくても、技術は自然と身につき、向上していきます。

今から20年ほど前、下血が続いて、３週間の入院を余儀なくされたことがあります。

当時の僕は専務として現場で働き、ＮＣ旋盤のプログラムを組んでいました。僕が入院

すると切削加工が止まってしまいます。そこでやむなく、見習い中の新人に僕の代わりを任せることにしました。

他に人がいないのですから、しかたがない。

退院後、新人は僕にこう言いました。

「専務がいなくてよかったです（笑）。教えてくれる人がいないから、すべて自分でやるしかない。おかげで、プログラムの組み方を短期間でマスターできました。専務の入院は無駄にはならなかったです（笑）」

そして、その新人がベテランとなり、今度は新人にプログラムを教える立場になっていったのです。

長女（千春《ちはる》）に専務としての自覚が芽生えたのも、**〝僕がいなかったから〟**です。

新社屋に移転してすぐ、僕が体調を崩し（腎不全、エピローグで詳述）、**5か月以上、出社できなかった**ことがあります。

社長の不在が、千春の転機になりました。

僕の代役を務めながら、「能作とは、どういう会社なのか」「能作の根底には何があるのか」を懸命に考えぬき、その結果として、「会社を背負っていかなければいけない」「会社の方針を決定しなければいけない」覚悟が決まったのだと思います。

「誰にも頼ることができない」「頼る人がいない」局面が、千春の成長を促したのです。

産業観光部の寳達亜由未《ほうだつあゆみ》は、「能作は先輩から指導を受けること以上に、自分で知識を学ぶ会社」であると感じていると言います。

「私は工場見学の案内をおもな業務としていますが、先輩から厳しく指導を受けたり、諭《さと》されたりしたことは一度もありません。能作では、『自分で知識を身につけ、自分で改善していく』ことが多いと思います。私の場合は、お客様に鍛えていただいている感じですね。質問の答えに窮《きゅう》したときは、すぐに職人さんに確認するなど、自分から動くようにしています。

案内を始めたばかりの頃は、質問に答える自信がなくて、『やりたくないいな』と思うこ

ともあったのですが（笑）、今では、やりがいを感じています」（寳達亜由未）

③個性を大事にする

能作には、**金髪の職人も、工場内に流れる音楽（ロック）を聞きながら作業する職人**もいます。だからといって僕は、「身だしなみを整えなさい」「音楽を消しなさい」と注意しようとは思いません。

なぜなら、髪の色は個人の嗜好の問題であり、個性だからです。会社が規制する事案だとは思えません。そして僕は、ロックが大好きです。

「金髪にすることで自分らしく仕事ができる」「音楽を聞きながら作業をしたほうが集中できる」のであれば、金髪もロックも大歓迎です。

④好きこそものの上手なれ

僕は同業者から、「どうして土日も仕事をするのか」と聞かれることがあります。その場では、「貧乏暇なしですから」と答えるのですが、本心は違います。

仕事が好きだから。仕事が楽しいからです。

好きだから頑張れるし、楽しいから突き詰められます。

仕事が「嫌だ」と思ったら、その時点で技術の向上も、人としての成長も止まってしまいます。自分が関わることになった仕事を積極的に「好き」になれたら、その先に新しい技術や新しいアイデアが次々に生まれてくるのです。

⑤「やりたいこと」はやらせてみる

社員に「好きこそものの上手なれ」のきっかけを与えるためにも、社員の中から「こういうことをやってみたい」という提案があったら、「やってみたらいいよ」と返事をしています。

何か新しいことを始めたいのに、一歩を踏み出せずに迷っている社員にも、同じように「迷ったら、やってみたらいいよ」と背中を押します。

「迷うくらいなら、やめておけ。そうすれば道を間違うことはない」という意見もありますが、やるかやらないかで迷ったとき、僕なら「やる」ほうを選びます。なぜなら、「やらなければ、芽は出ない」

からです。

行動しなければ、現状を変えることはできません。やってみなければ、どんな結果になるのかもわからない。

たとえ挑戦したうえで失敗したとしても、経験やノウハウが身につくと考えれば、失敗とは言い切れないのです。

かつて職人の世界では、「ムチが8割、アメが2割」といわれていましたが、能作は**「ムチが0割、アメが10割」**です。

ムチを振るうと社員は萎縮して、「新しいこと」へのチャレンジから目を背けてしまいます。だから僕は、社員が失敗しても怒らない。「やらないから失敗しない社員」と「やって失敗した社員」がいたら、僕は後者を評価します。

僕は、「みんなで会社を育てていきたい」と思っていて、**社員を「創業者の集団」**だととらえています。

だからこそ、「新しいことにチャレンジしたい」「もっと会社をよくしたい」という若い人たちのアイデアや意見を尊重しているのです。

⑥社長が率先して現場に出る

社長が、**「現場の第一線を知っている」**ことは、とても重要です。

僕は18年間、一職人として鋳造技術を磨いてきましたし、直販を始めてからは、自分で受注して、自分で鋳造して、自分で仕上げて、自分で商品を梱包して、自分で宅配便の配送所に行って……と、すべての工程を自分一人で担ってきました。

また、能作が社員7、8人の小さな町工場だったときから、先陣を切って産業観光の受け入れをし、僕自身が工場見学の案内をしてきました。

僕は人一倍仕事が大好きで、四六時中、現場にいました。だからこそ社員は、「社長もやっているのに、自分たちがサボるわけにはいかない」「社長が自ら汗をかいているのだから、自分たちも頑張ろう」と思うようになります。

大事なのは、**まず自分がやって背中を見せる**ことです。

「社員を動かしたい」なら、言葉ではなくて、**「自分（社長）の背中」を見せる**ことが最も有効です。

⑦多能化に取り組む

「多能化（マルチスキル化）」とは、一人で複数の業務ができる人材を増やすことです。

多能化を進めると、次のようなメリットがあります。

- 多品種少量生産に柔軟に対応できる
- 労働力を分散させ、職人の作業負担を軽減できる（ワークシェアリングが可能になる）
- 他工程、他作業への理解が深まり、チームワークが向上する
- 教える、教わることでスキルアップが期待できる

能作でも、鋳物製造間はもちろん、事務方と鋳物製造間の連携を図るなど、職場の相互理解を進めています。

ＥＣ事業部の天《あま》井《い》薫《かおる》は、「工場見学の受け入れが、自分以外の部署に対する理解を深める機会にもなっている」と言っています。

「新社屋の移転と同時に、産業観光部という新しい部署ができました。おもに産業観光部

が工場見学にいらしたお客様の案内を担当していますが、人が足りない場合は、私たちも案内役を買って出ます。

自分の会社の歴史、高岡銅器の伝統、能作の取り組みを見学者に説明するには、自分が会社や地場の産業のことをよく理解している必要があります。

他部署に所属する私でも、鋳物製造のことを説明しなければならないので、職人さんから積極的に話を聞いたりして勉強するようになる。そのことによって、自分の部署だけでなく、横断的に会社のことを理解するきっかけにもなりました」（天井薫）

鋳物製造には、女性活躍の場がある

能作は、鋳物製造だけでなく、商品企画、販売、産業観光、海外、医療など、事業の拡大にともなって**女性の戦力化**にも注力しています。

当社は、**従業員１６０名のうち80名が女性、管理職の４割が女性**です。

能作には、女性に支持される商品がたくさんあります。

さらに、**本社工場見学者の「約7割が女性」**であることを考えると、職場に女性を積極的に登用して、「ニーズに合った製品開発」「ニーズに合ったサービス」を提供する必要性を感じています。

現在は、娘（専務の千春）や女性社員の声を聞きながら、

- 育児との両立を支援する「育産休制度」の導入
- 女性専用の更衣室の整備
- 働きすぎの是正に向けた残業制限
- 時短勤務制度

など、女性にとって働きやすい職場環境の整備を進めています。

一般的に、鋳物製造は、「力仕事であり、男性が主力の仕事」だと思われていますが、能作は「デザイン性」に富む製品を手がけているので、「女性独自の視点」「女性独自の切り口」がとても大切です。

約60名の職人のうち、女性は5名。この数は少なく思われるかもしれませんが、この業

界ではは女性職人がいること自体めずらしいのです。そのほか、商品開発や直営店舗運営、工場見学の企画運営、併設するカフェやショップの店づくりなどでも、女性が中心となって活躍しています。

高岡市では、国の構造改革特別区域計画「高岡市ものづくり・デザイン人材育成特区」の認定を受けて、２００６年４月から、市内の小・中・特別支援学校全40校で、高岡市の歴史や産業の特徴を活かした必修教科「ものづくり・デザイン科」をスタートさせています。高岡市の「ものづくり・デザイン科」は、地域の伝統工芸や産業に目を向けた取り組みとしては、全国唯一のものです。

製造部の仕上げ職人、今井智子《いまいともこ》は、貴重な女性戦力の一人です。彼女は小学生のときに「ものづくり・デザイン科」の授業の一環で能作の工場見学にきています。

「当時、とてもびっくりしたのは、『錫』の製品を見たときです。金属なのに自分の手で曲げられることに驚き、すごいと思いました。

商品のデザインもステキで、『こういうところで働けたらいいな』と漠然と思っていました。実際に入社してみると、医療の分野にまで進出するなど、鋳物の技術で社会に貢献しようという姿勢に共感しています。この会社の一員であることを誇らしく思います。子どもの頃は見学する側でしたが、今は見学される側なので、身が引き締まる思いですね。『ちゃんとしなきゃ』って（笑）」（今井智子）

職人も店舗に出向いてお客様と対面する

最近、「能作さんは、集客、販促、ＰＲなど、あらゆる場面でブランディングがうまいですね」「能作さんは、下請け会社からブランド企業に成長しましたね」と言われるのですが、僕はブランドを構築しているつもりはありません。

お客様の立場に立って、お客様の視点を持って、「お客様が喜ぶものづくり」を目指してきただけです。

たしかに、自社製品の受注増、産業観光（工場見学）の受け入れ増に比例して、能作の知名度は徐々に上がってきたのかもしれません。技術や商品が評価され、さまざまなメディアで紹介されるようになり、職人は自信と誇りを持ってきました。

ですが、メディア露出にも弊害があります。それは、**謙虚さを忘れてしまう**ことです。

能作は、**あらゆる発想と行動の起点を「お客様」**に置いています。

ところが、過度な賞賛を受けると、僕自身を含め、社員が慢心しかねません。得意げになり、有頂天になり、うぬぼれたり、思い上がったりして、起点が「お客様」から「自分たち」に置き換わってしまう。そして、「お客様に合わせた仕事」ではなく、「自分たちに都合のよい仕事」だけをするようになります。

ですから僕は、社員にときどき、警鐘《けいしょう》を鳴らしています。


「能作は、大企業でも、ブランドでもない」

「職人としての誇りを持つことはいいことだけれど、驕《おご》りを持ってはいけない」

「能作を中心に考えてはダメ。能作の考えを押しつけてはダメ。**あくまでもお客様中心**で考える」

「お客様の声を聞き、お客様のご要望に沿えるよう努力する」

「新しいお客様だけでなく、今いるお客様も大事にする」

能作の仕事の基本は、**「お客様の要望に応える」**ことです。

能作の商品を購入してくださるお客様を見る。商品を使ってくださるお客様の意見を聞く……。

以前、『夢の扉＋』（ＴＢＳテレビ系、現在放送終了）で能作を取り上げていただいたことがあります。

「町工場発〝曲がる食器〟世界への挑戦」と題して、鋳物職人の杉原優子《すぎはらゆうこ》（当時26歳）が、ある百貨店で自分がつくった商品をお客様に紹介しているシーンが映し出されました。

杉原があの手この手で一所懸命にアピールしているのに、なかなかお客様に伝わらない。でもなんとかお客様に誠意が伝わり、商品を買ってくださったシーンを映像で見て、僕は思わず涙ぐんだことを今でも覚えています。

お客様と接することでしか学べないことがある。だからこそ、富山にいる職人も全国の店舗に出向いて、お客様と対面する機会を持つことがとても大切なのです。

能作が求める人材は、「思いやり」のある人

僕は、**「プロフェッショナルとは、思いやりとやさしさを持った人のこと」**だと定義しています。

技術を持っているだけでは、プロとは呼べない。「人を思う気持ち」がともなってこそ、初めてプロフェッショナルと呼べるのではないでしょうか。

ですから能作では、人材を採用する場合、「人を思う気持ちを持っているか」（人格、素質、人となりが備わっているか）を重視しており、応募者を次の「5つ」の視点で評価しています。

【人材採用の評価ポイント】

①他人に対する「思いやり」があるか
②人と対話することが好きか
③人の話が聞けるか

④相手の目を見て話しているか
⑤「能作」のことをよく理解しているか

①他人に対する「思いやり」があるか

僕は、採用面接をする際、本社（工場）まで車できた応募者に必ず尋ねることがあります。

「車はどこに止めてきましたか？」

「お客様駐車場に止めました」と答えた応募者は、「思いやり」や他者への配慮が足りないと思います。なぜなら、お客様駐車場は、工場、鋳物製作体験工房、カフェ、ショップにお見えになった「お客様」のために用意されたスペースだからです。なかでも、「堂々と社屋の入口に近い駐車スペースに車を止めた応募者」は、おもてなしの心に欠けているため、不採用です。一方で、思いやりのある人は、駐車場に止める場合でも社屋から離れたスペースに止めたりします。

能作は、「地域と社会に貢献するものづくり」を掲げていますから、「地域のため」「産地のため」「お客様のため」に思いやりを発揮できる人でなければ、入社しても続かないと思います。

②人と対話することが好きか

社会に出ると、ほとんどの物事が「人と人との関係」で進んでいきます。しかし、世の中にはいろいろな人がいるため、他者との関係構築はとても難しい。

「人とつき合う練習」ができているかどうか（人とつき合うのが好きか、嫌いか）も、人を見極めるポイントです。

能作は急速に成長してきた会社ですから、まだ社内の体制が追いついていません。不備もたくさんある。そのことを批判するのではなく、「どうすべきか」を一緒に考え、一緒に行動できる人を求めています。

③人の話が聞けるか

僕は、**「人の声（意見）」**を大事にしています。他人の意見を聞いて、想像力を働かせる。人の声に耳を傾けると、視野が広がって、今までとは違った角度から物事を考えることができます。

自分のルールや考えに固執するのではなく、

「相手の意見や立場を理解する」

「新しい考え方を受け入れる」

という姿勢は、人が成長するうえで不可欠です。

④相手の目を見て話しているか

面接のときに、面接担当者の目を見て話す応募者には、信頼、熱意、誠実さ、真剣さ、自信、敬意、親しみを覚えます。

反対に、目をそらしたり、キョロキョロと視線を動かしたりする人は、「自信がない」「落ち着きがない」「本心を話していない」ように感じます。

⑤「能作」のことをよく理解しているか

能作の離職率は、かなり「低い」と思います。その理由の一つは、「能作がどういう会社か」をよく理解している応募者だけを採用しているからです。

人手が足りないからといって、能作のことがわかっていない人まで採用してしまうと、入社後に「こんなはずではなかった」というギャップが生まれ、離職につながります。

ですが、「自分は、どのような組織の一員になるのか」「自分は、この会社でどのような仕事に携わるのか」を納得したうえで入社してきた人は、実態とイメージの差に戸惑うことがないため、簡単には辞めません。

仮に「辞めたい」と申し出た社員がいた場合、無理に引き止めることはしません。なぜなら、「嫌いな仕事」を強いることは、当人にとって「不幸」だからです。

人は、2つの道を同時に進むことはできません。社員が「転職する」と決めた以上、「やっぱり、辞めないほうがいいのでは（辞めないほうがよかったのでは）」と悔やまないように、「能作のことは忘れて、新しい仕事、新しい会社のことだけを考えて」と言って、送り出しています（ただし**出戻りOK**です。これまでに2人復職しています）。

アポなしで本社にやってきた人でも、「思いやり」があれば採用する

能作は、新卒や中途の定期採用をしていません。「必要なときに、必要な人材を採用する」

のが基本です。

採用活動をしていないのに、「能作に入れてほしい」「能作で働かせてほしい」と本社を訪ねてきて、採用になった社員もいます。販売事業部長の新夛《にった》謙三《けんそう》もその一人です。

「能作に入る以前、私は、金沢に本社を置く印刷会社に勤めていました。東京に赴任していたのですが、家庭の事情などもあって、結婚を機に地元（富山）にUターンすることになったのです。

高岡に『能作』という会社があることを教えてくれたのは、妻でした。『オシャレな風鈴をつくって全国に販売する会社が高岡にあった』ことに驚いて、ネットで検索したところ、社長のインタビュー映像を見ることができました。

映像の中で、社長はたしか、**『すぎたことはもうしかたないから、振り返らずに突き進んだほうがいい』**といったことを話されていて、なんだか私の心境や状況を言い当てているように思えたのです。

当時の私は、『東京で頑張っていこうと思っていたのに、富山に戻ることになった』『働かなければいけないし、稼がなければいけないけれど、先が見えない』と不安を覚えていた時期でしたから、社長のメッセージに背中を押された気がしました。

社員の募集はしていなかったものの、『この人に会ってみたい』と本社を直撃すると、週末にもかかわらず、社長が一人で仕事をされていました。私が事情を説明したところ、社長は、『じゃあ、履歴書を持ってきてね』と。

私はまだ東京で働いていたので、社長の東京出張に合わせ、**面接は羽田空港内のカフェ**で行われました。私が席に着くと、社長は開口一番、『僕は飛行機の機内でワインを飲んできたから、今度はビールを頼むけれど、新夛君もビール飲む？』と……（笑）。

私は『**採用面接でビール？**』と面食らって、『社長然としていなくて、不思議なキャラクターの人だな』と思ったのを覚えています。

私は、『じゃあ、お言葉に甘えて』と社長の前でビールを飲めるほど器がデカくないので、コーヒーをいただきました（笑）。

社長がビールをすすめたのは、私の緊張をときほぐす『アイスブレイク』だったのでしょう。錫のようにやわらかい社長の人柄が、能作を支えていると思います。

現在も、私のように〝突撃〟で入社する人がとても多いのが能作の特徴ですね」（新夛謙二）

第2章

ニューヨーク、三越、
パレスホテル東京でも大ヒット!

「曲がる食器」のアイデアはこうして生まれた

４００年の歴史を誇る鋳物産業の集積地

富山県の北西部に位置する「高岡市」（人口約17万人）は、１６０９（慶長14）年に、加賀藩2代藩主・前田利長《まえだとしなが》が開いた町です。

高岡城に入城した利長は、１６１１（慶長16）年、城下町の産業の礎《いしずえ》を築こうと、現在の高岡市金屋町《かなやまち》に7人の鋳物師《いもじ》を招いて、鋳物工場をつくりました。この利長の産業振興政策が、「高岡銅器」（高岡市でつくられる銅器の総称）の始まりです。

鋳物とは、高温で溶かした金属を、砂などでつくった型に流し込み、固まった後、型から取り出してつくる製品のことです。鋳物をつくる方法を「鋳造《ちゅうぞう》」といいます。

高岡銅器は、約４００年経った今でも、鋳物産業の集積地として、日本の銅器生産の「9割以上」のシェアを誇っています。

東京・世田谷区の商店街に設置されている「サザエさん」一家の銅像や、鳥取県境港《さかいみなと》市の「水木《みずき》しげるロード」に立ち並ぶ妖怪ブロンズ像も、高岡製です。

能作の創業は、1916（大正5）年です。

初代・能作兼次郎《けんじろう》は、青銅製の仏具を中心に製造。

2代目・能作春一《はるいち》は、戦後復興にともなう生活用品の供給に合わせ、鍋や釜などにも製造を拡大。

3代目・能作佳伸《よしのぶ》は、花器や茶道具などのインテリア雑貨の製作に着手。

能作は、数度の転換期を迎えながら、時代にふさわしい鋳物の製造に取り組んできました。創業以来、仏具、茶道具、華道具の生地（生地《きじ》とは、着色前の鋳物のこと）の製造を柱に据えながら、高岡銅器の魅力を伝えてきたのです。

「多品種少量生産体制」に舵《かじ》を切って、不況下でも黒字を維持

僕（2002年に4代目社長に就任）が能作に入社したのは、1984年です。

新聞社のカメラマンを経て能作に入社した僕は、「高岡で一番の職人になりたい」とい

う一心から、鋳物の技術を貪欲に学びました。

富山県では、県外出身者を「旅の人」と呼びます。「旅の人」の僕には話しやすかったのか、たくさんの職人さんが、同業者には絶対に口外しない固有の技術・技法を教えてくれました。


僕が入社してまもなく、大口のロット注文が舞い込む好景気を迎えました。しかし僕は、「伝統工芸といえども、グローバル化の波にはあらがえない」「やがて中国が台頭すれば、コスト競争で負ける」と判断し、ロット生産から「多品種少量」の生産体制に舵《かじ》を切りました。ロット生産用の設備を撤去して、昔ながらの「職人の手」による鋳物づくりに戻すことにしたのです。

多品種少量生産とは、ニーズの多様化や市場の変化に対応しながら、たとえ一品目《いちひんもく》の量は少量でも、多品種にわたって生産する方式のことです。

効率性や経済性を犠牲にしてでも、小ロット生産に踏み切り、「品質のよさ」で勝負する。中国の大量生産に飲み込まれないために、技術を磨く……。

転換当初は生産効率が下がり、収益はなかなか上がりませんでしたが、手づくりに戻したことで、職人の技術力は向上しました。

そして、問屋からも、「能作さんは技術がある。それに、他の鋳物屋と違って少ない数でも引き受けてくれるからとても助かっている」と、高い評価をいただけるようになったのです。

バブル崩壊後も、能作が業績を落とさずに維持できたのは、機械を用いて大量生産をするのではなく、技術や素材を使い分け、**「多品種少量生産体制」**を確立したことが功を奏したからです。今でも**能作の根幹は、職人の手仕事**にあります。

下請け業者でもお客様の顔が見たい

高岡銅器は、分業体制によって成り立っています。

銅器の場合、原型の製作、原型をもとに型を取る鋳型製作、鋳型に溶解した金属を流し込む鋳造、溶接、研磨などの仕上げ加工、着色や彫金による加飾《かしょく》を経て完成します。

分業によってつくられた銅器は、産地問屋が仕入れ、消費地に向けて販売します。

分業体制の中心にいるのは、問屋です。高岡の問屋は、流通の一端を担うだけでなく、原料の仕入れから加工、着色などを指示するコーディネーターなのです。

【問屋の役割】

- 自ら製品を企画する
- 製品完成までの工程を管理する
- 職人と職人をつなぐ
- 最終的な製品の検査を行う
- 完成品を売り込む
- 高岡の技術を売り込む
- オーダーメイドの製品依頼を請け負う

能作は、着色前の製品（生地）をつくる**下請け業者**でした。

能作がつくった生地を問屋が引き取って、着色、研磨、彫金などの手が加わり、できあがった完成品を県外に持ち込むのが、高岡銅器の慣例です。

完成品を手にするのは、問屋だけ。下請け業者（製造業者）は、作業工程の一部分のみを担当するため、お客様（消費者）の顔は一切見えません。生地がその後どう着色され、仕上げられ、どこに売られ、どんな方々の手に届いているのか、僕にはまったくわかりませんでした。

僕は20代半ばで職人となり、18年間、一職人として自分の技術力を磨き上げることを励みにしてきました。

ですが、お客様との接点がなかったため、

「お客様の顔が見たい。問屋ではなくユーザーの評価を聞きたい」

という思いが日増しに募っていったのです。

伝統は「守る」のではなく「攻める」もの

多品種少量生産に切り替えてから、能作の売上は、微増ながら右肩上がりで推移していました。生地屋《きじや》として、仏具や茶道具などの鋳造製品を問屋に出荷していれば、事業を継続することができました。下請け仕事だけでも「食べていけた」わけです。

当時の取引先は、問屋です。これまで同様、問屋を頼って、問屋の指示に従って仏具、茶道具、花器をつくってさえいれば、営業努力をしなくても黒字になります。

しかし、

職人の地位を高めるためにも、

能作の名前を知ってもらうためにも、

伝統産業の停滞・衰退を食い止めるためにも、

現状維持は得策ではなく、**新しいことへのチャレンジ**が必要だったのです。

現在、日本の伝統産業は、大きな転換期を迎えています。

ライフスタイルの変化による需要の低迷、後継者不足、安価な輸入品など、伝統産業を取り巻く環境は、年々厳しくなっています。従来あるものを引き継ぎ、守るだけでは、やがて潰《つい》えてしまいます。

伝統産業が衰退している理由の一つに、**ライフスタイルを無視した「和」へのこだわり**が挙げられます。

高岡銅器が前田利長の手によって興されたように、そもそも伝統産業は、「殿様」に支えられた産業です。したがって、殿様の嗜好に合うよう、華美な香炉《こうろ》や花瓶《かびん》などがつくられてきました。

しかし、ライフスタイルは大きく変化しています。華美な香炉などをつくり続けても、お客様の需要を満たすことはできません。

伝統産業も、時代に合わせた変化が必要です。伝統を守るばかりが生き残る道ではありません。時に伝統を壊し、殻《から》を打ち壊し、変革させる。伝統は、新しい工夫を加えた革新がなければ、引き継ぐことはできないのです。

能作は、**「変わらない姿勢」**で守ってきたものがある一方で、**「大きく変わってきた」**からこそ、今日まで技術を継承することができました。

新たな技術の導入、新たな製品分野への挑戦、販路の拡大などによって、危機的状況を乗り越えてきたのです。

能作の運命を変えた〝鈴《りん》・林《りん》・燐《りん》〟の展示会

能作に転機が訪れたのは、2001年の展示会です。

1999年、高岡市内で開かれたデザイン勉強会で、講師を務めた立川裕大《たちかわゆうだい》さん（伝統技術ディレクター）の知遇《ちぐう》を得ました。

勉強会では、「イタリア製（アレッシィ）のステンレスボウル」を例に、立川さんが「商品開発にあたっては、デザインの視点を持つこと」を強調されたのですが、このステンレスボウルを見たとき、僕は「うちでつくっている製品と、さほど変わらない」ことに気がつきました。

そこで、次の勉強会の際に、能作が手がけた真鍮の建水《けんすい》（茶道具の一つで、茶碗をすすいだ湯水を捨てるための器）を持っていったところ、幸いにも、立川さんの目にとまりました。

そして、「これほどの技術をお持ちなのですから、作品の展示会を開いてみませんか？」とお声がけいただき、単独の作品展示会「鈴《りん》・林《りん》・燐《りん》―ノーサクの鋳器―」（東京・原宿

2001年に開催した展示会「鈴・林・燐」

バージョンギャラリー）を２００１年に開催することになったのです。

培《つちか》ってきた技術には絶対の自信があったので、「素材の美しさを見ていただこう」とあえて着色や彫金はせず、真鍮に旋盤・ろくろをかけたまま（生地のまま）の花器や建水の他に、展示会用につくった「真鍮製のハンドベル」を出品しました。

当時、真鍮を着色しないことは業界でも異例でしたが、鏡のようにピカピカに輝く真鍮の美しさや音色のよさに多くの人が驚き、好評を得ました。

この展示会後、「インテンショナリーズ」（建築を通したものづくりを実践する建築のレーベル）の鄭秀和《ていしゅうわ》さんから「真鍮照明をつくってほしい」という注文をいただいた他《ほか》、「ジェイピリオド」（インテリア会社「バルス」が展開する「和」をテーマとしたセレクトショップ）から、「ハンドベルを扱いたい」という申し出を受け、産地問屋以外との直接取引が始まったのです。

「風鈴」が大ヒットしたワケ

プロローグで触れたように、セレクトショップにハンドベルを置いてもらったものの、残念ながらほとんど売れませんでした（3か月でわずか30個）。

真鍮は「銅」「亜鉛」の合金で、透明感のある澄んだ音色を奏《かな》でます（ブラスバンドの「Brass」の語源は真鍮。金管楽器の多くが真鍮からできている）。

高岡銅器では、真鍮の音色の美しさを活かした「おりん（棒で打ち鳴らして用いる仏具）」を製造していましたし、素材の特性から考えると、真鍮でベルをつくる発想は悪くありません。けれど、いかんせん需要がなかった！　ハンドベルは、西洋の貴族が執事などを呼ぶときに使うものですから、日本の習慣に合わなかったのです。

当時ほとんど売れなかった「ハンドベル」

銅器業界は分業化が進んでいるため、下請け業者の能作にマーケティング力はなく、売れる商品の傾向がわかりませんでした。

そこで、普段からお客様と接し、ニーズの「最大公約数」を知っている販売店のスタッフに話を聞いてみることにしたのです。すると、ある女性スタッフから、こんな意見が返ってきました。

「能作さんのベルは、デザインも音もきれいなので、風鈴にしたらどうですか？」

風鈴というと、一般にはお寺の鐘のような形をしていて、「古くさい」イメージがあると思います。そのうえ、「窓辺や軒下《のきした》

大ヒットした「風鈴」

に吊《つ》り下げた風鈴の音色で涼をとる」習慣もなくなってきているので、現代のライフスタイルにマッチするとは考えにくい。

ところが、半信半疑で同じデザインのままハンドベルを「風鈴」にリメイクしたところ、大きな反響が寄せられました。

市場の中に、「エアコンに頼らず、家の中で自然に涼がとれる風鈴」「洗練されたシンプルなデザインの風鈴」を求める潜在的なニーズがあったのです。

その後、複数の老舗《しにせ》百貨店からも「風鈴を取り扱いたい」と打診があり、透き通るようなヘアライン仕上げ（金属の表面に髪の毛ほどの細かい傷をつけて、質感を強調する加工法）の風鈴は、能作の人気商品となりました。

「古くさい」と思っていた僕の考えのほうが、古かったわけです。

この経験から、

「これまで商品開発ができなかったのは、お客様の顔を見たことがなかったから」

「お客様のニーズをすくい上げるには、販売店スタッフの意見に傾聴する必要がある」

ことに気がつきました。


販売店スタッフは、お客様の反応・意見の最大公約数をとらえているので、「この商品なら、10人中、2、3人の支持は得られるのではないか」という経験知からのアドバイスがもらえます。

僕たちにはない知識や視点を持った人の声に耳を傾け、実際に使う人の習慣やその背景にある文化をしっかりと理解する。それを怠《おこた》れば、「お客様の声に応えるものづくり」は不可能です。

世界初の「錫100％」の食器にチャレンジ

「錫100％の食器」をつくり始めたのも、風鈴を扱っていただいたショップのスタッフの方から、

「食器をお求めの方がたくさんいらっしゃいます。能作さんは、金属の食器をつくれますか？」

と尋ねられたことがきっかけでした。

はじめは真鍮でつくろうとしたのですが、保健所に問い合わせてみると、「真鍮には銅が含まれているので、食品衛生法上、食器の素材としては使えない」ことがわかりました。

そこで、能作の鋳造技術で製造可能な「食器に適した金属」を探したところ、候補に挙がったのが「錫」でした。

【錫が食器に適している理由】

・酸化しにくい（サビにくい）

・色の変化が少なく、美しい光沢を保つ
・抗菌作用が強い
・金属臭がない
・熱伝導率がよい（冷蔵庫で数分冷やすだけで十分な冷たさになる）
・水やお酒の味がまろやかになる（苦みや酸味がやわらぐ）

錫製の食器はすでに流通していますが、錫には「やわらかい」という特性があり、手で力を加えただけで、グニャッと曲がってしまいます。

通常は加工しやすくするため、他の金属を混ぜて硬い合金（錫にアンチモニや銅を含んだ「ピューター」と呼ばれる材料）にして使います。

しかし、能作がピューターを使うと、大阪錫器《すずき》や薩摩錫器など、錫の食器を製造している他地域の伝統産業に迷惑をかけてしまいます（競合してしまうから）。

他の産地の邪魔をすることなく、能作の強みを具現化するにはどうしたらいいか……。

考えた末に行き着いたのは、

「世界初・錫100％の食器」

をつくることでした。

高純度の錫は曲がりやすいため、「製品には向かない」というのが常識で、社内の職人からも反対されました。それでも決断できたのは、僕が元《もと》・素人《しろうと》であり、「よそ者（旅の人）」だったからかもしれません。

弱点を強みに変える逆転の発想

錫100％の加工は難題でした。

開発当初は、「やわらかさ」を補うために肉厚にしてみたのですが、錫は比重の重い金属のため、肉厚にすると重くなってしまいます。

また、金、銀についで高価な金属である錫は、使用する量を増やすと価格が上がってしまいます。

そんなとき、伝統技術ディレクターの立川さんの紹介で知り合った、デザイナーの小泉《こいずみ》誠《まこと》さんに悩みを打ち明けると、意外な答えが返ってきました。

錫100%の「曲がるKAGO」シリーズ

「曲がるなら、曲げて使えばいいのでは？」

弱点を強みに変える**「逆転の発想」**です。

通常の鋳物メーカーであれば、素材がやわらかいことは、「金属は硬い」という固定概念に反するため、「やわらかい」＝「加工性がないことがデメリット」＝「錫１００％は食器にならない」と考えます。

しかし、「食器は曲がらない」という概念をくつがえす発想こそが、「曲がるＫＡＧＯ」シリーズ（仙台出身の女性デザイナーが七夕飾りをヒントに発案）をはじめとする、数々の錫製品を生み出したのです。

能作は、２００３年から、錫１００％製の鋳物（おもにテーブルウェア）の製造を開始。同年、高岡産業文化振興基金に「錫100%の新製品の開発」が認定されました。

錫100%の商品づくりを可能にしたのは、伝統技術の「生型《なまがた》鋳造法《ちゅうぞうほう》」です（↓左ページ）。その後は、富山県総合デザインセンターと共同で、生産性を高める「シリコーン鋳造法」の開発にも注力しました。

シリコーン鋳造法は、シリコーンゴム型に金属を流し込んで製造する鋳造法です。錫など、融点の低い金属の製造に適しており、微細な表現が可能です。シリコーンゴム型は繰り返し使用できるため、量産体制が確立できました。

既成概念にとらわれず、積極的にチャレンジする。

継承してきた技術に、時代を反映した感性を融合させる。

アイデアの最大の敵は既成概念です。その既成概念をひっくり返してみると、新しいアイデアが見つかることがあります。

「生型鋳造法」の製造工程

1　製品と同じ形状の木型を置き、金枠を載せる

2　金枠に砂を敷き詰め、押し固めていく

3　木型を抜き取り、2つの金型を重ね、鋳型ができる

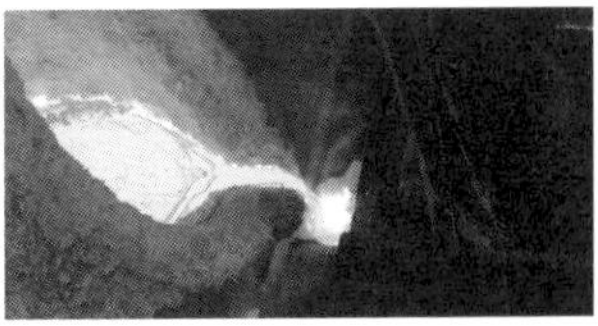

4　溶かした金属を鋳型に流し込む

5　金属が固まったら、型から鋳物を取り出す

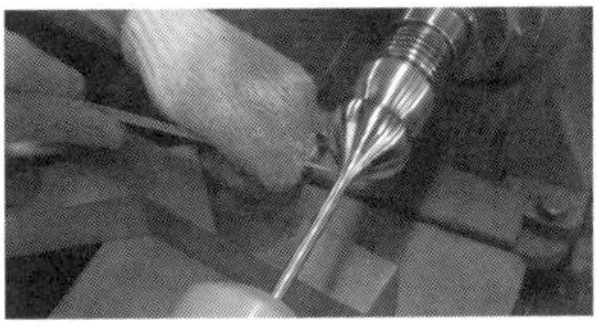

6　一つひとつ、ろくろで表面を仕上げる

7　着色などの工程を経て完成

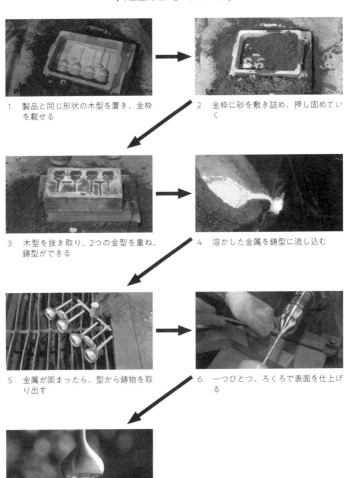

錫の特性を活かして、医療分野へも進出

能作は、2014年9月に「医療機器製造業登録証」、2017年11月に「第三種医療機器製造販売業許可証」を取得し、医療分野への進出を始めています。

発端は、展示会にたまたま訪れた「能作ファン」という脳外科医のひと言でした。

「錫は、とてもおもしろい金属ですね。『曲がる』からではなくて、『曲げても元に戻らない』からです。形状を変えて使用することができるので、医療機器としての可能性もありそうですね」

たしかに、錫はスプリングバック（材料を曲げた後、変形が元に戻る現象）が少ない金属ですから、曲げて使用した場合、思いどおりの形になる特性があります。

また、抗菌性が高く、人体に有害な菌の繁殖を抑えるため、医療機器に適しています。

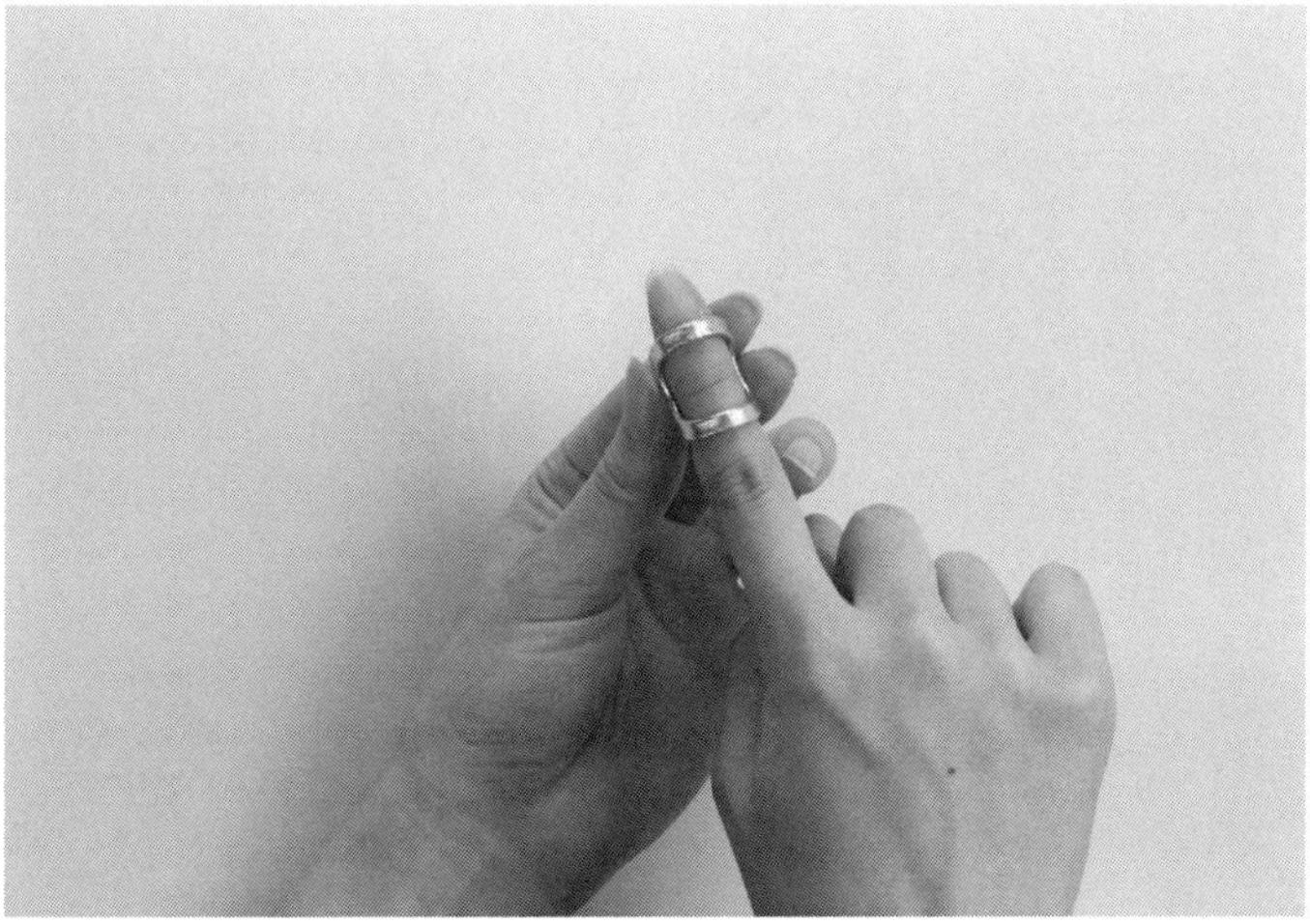

ヘバーデンリング

【能作が開発した医療機器】

●ヘバーデンリング

ヘバーデン結節（指の第一関節が変形し曲がってしまう疾患）用の「指の第一関節固定リング」です。変形にともなう痛みや腫《は》れのある指の第一関節に装着することで、安静を保つことができます。

指の太さや変形に合わせて調整することが可能です。錫の「曲がる」という特性を活かした製品です。

●スズ開創手形板《かいそうてがたばん》

手の手術に使う手術台です。手術、あるいは処置が必要な部位を固定できるので、手術が行いやすくなります。

開創器《かいそうき》（手術部位を広げておく機器）付きのため、人の手で開創部を押さえておく必要がありません。医師2人が必要だった手術を一人で行うことが可能です。

すでに数十例の実績があり、執刀医から「手術がやりやすい」という評価を得ています。

また、医療・健康分野への試みは、錫の抗菌入れ歯ケース「フィーユ」の製品化とも結びついています。「フィーユ」は、錫の抗菌作用で入れ歯を清潔に保つことができる入れ歯ケースです。

錫の抗菌入れ歯ケース「フィーユ」

錫は、虫歯の原因菌の一つである「ミュータンス菌」などにも抗菌効果があることがわかっています。

医療・健康に寄与する新たなカテゴリーへの進出は、能作にとって大きなチャレンジです。新しい分野への挑戦は、一時的な経費増、社員への負担増につながりますが、そこから得られる成果は、自社だけにとどまらない大きなものだと確信しています。

ガンダム、ドラえもん、ファイナルファンタジー、ハローキティ、くまモンのキャラクター商品も

©創通・サンライズ

ガンダムぐいのみ

能作では、「ガンダムぐいのみ」など、デザイナーや企業の要望に応える多くのキャラクター商品を実現させてきました。

能作の主力商品である「ＫＡＧＯ（カゴ）」やタンブラーなどに、アニメやゲームのキャラクターをあしらったり、形態をオリジナルで製作したりもしています。

こうしたキャラクター商品をつくることで、顧客層を広げ、新たな需要を開拓することができました。

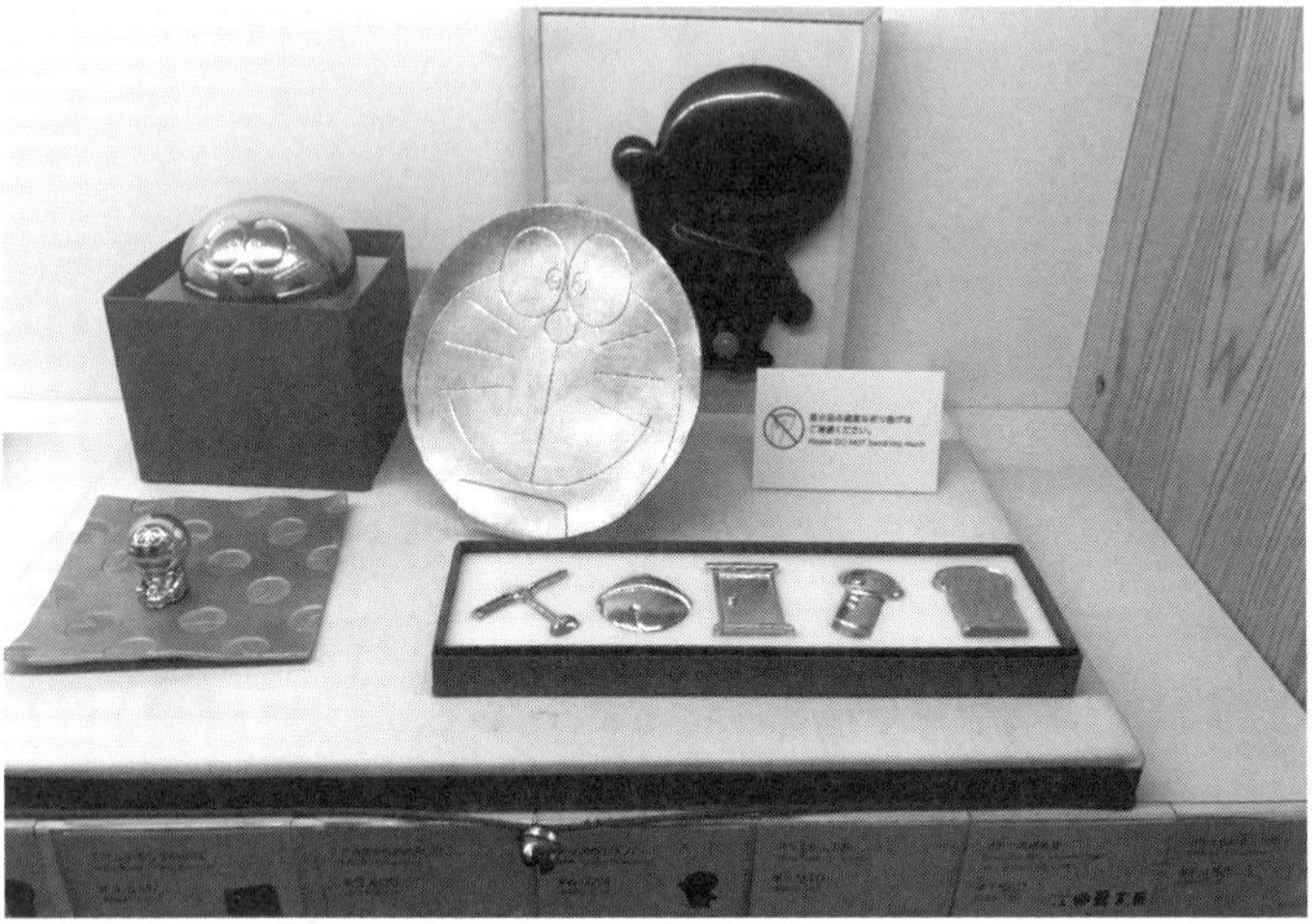

©Fujiko-Pro

ドラえもんシリーズ

【能作のキャラクターシリーズ】

・ガンダムぐいのみ

「ガンダム」の情報発信基地「GUNDAM Café（ガンダムカフェ）」から広める「Discovery-G」シリーズ第6弾となる商品です。

メカニックデザイナーの大河原邦男《おおかわらくにお》さんが、ぐいのみ用のガンダムとシャア専用ザクのフェイスデザイン、設計、監修を担当（現在は販売終了）。

・ドラえもんシリーズ

国民的人気キャラクター「ドラえもん」を生み出した藤子《ふじこ》・F《エフ》・不二雄《ふじお》先生の出身地は、高岡市です。

底にドラえもんの形が抜いてある「ド

ファイナルファンタジーシリーズ

ラえもんのKAGO（カゴ）」や、ドラえもんのひみつ道具をモチーフにした「ひみつ道具箸置」、飲み物を入れるだけでなく、前菜やデザート用の食器としても使える「ドラえもんタンブラー」などがラインナップされています。

・ファイナルファンタジーシリーズ

ロールプレイングゲームの金字塔『FINAL FANTASY』の30周年を記念して発売されたシリーズです。

ビアカップに、歴代人気召喚獣《しょうかんじゅう》やマスコットキャラクターをデザインした「FF×能作 タンブラー」などを展開しました（現在は販売終了）。

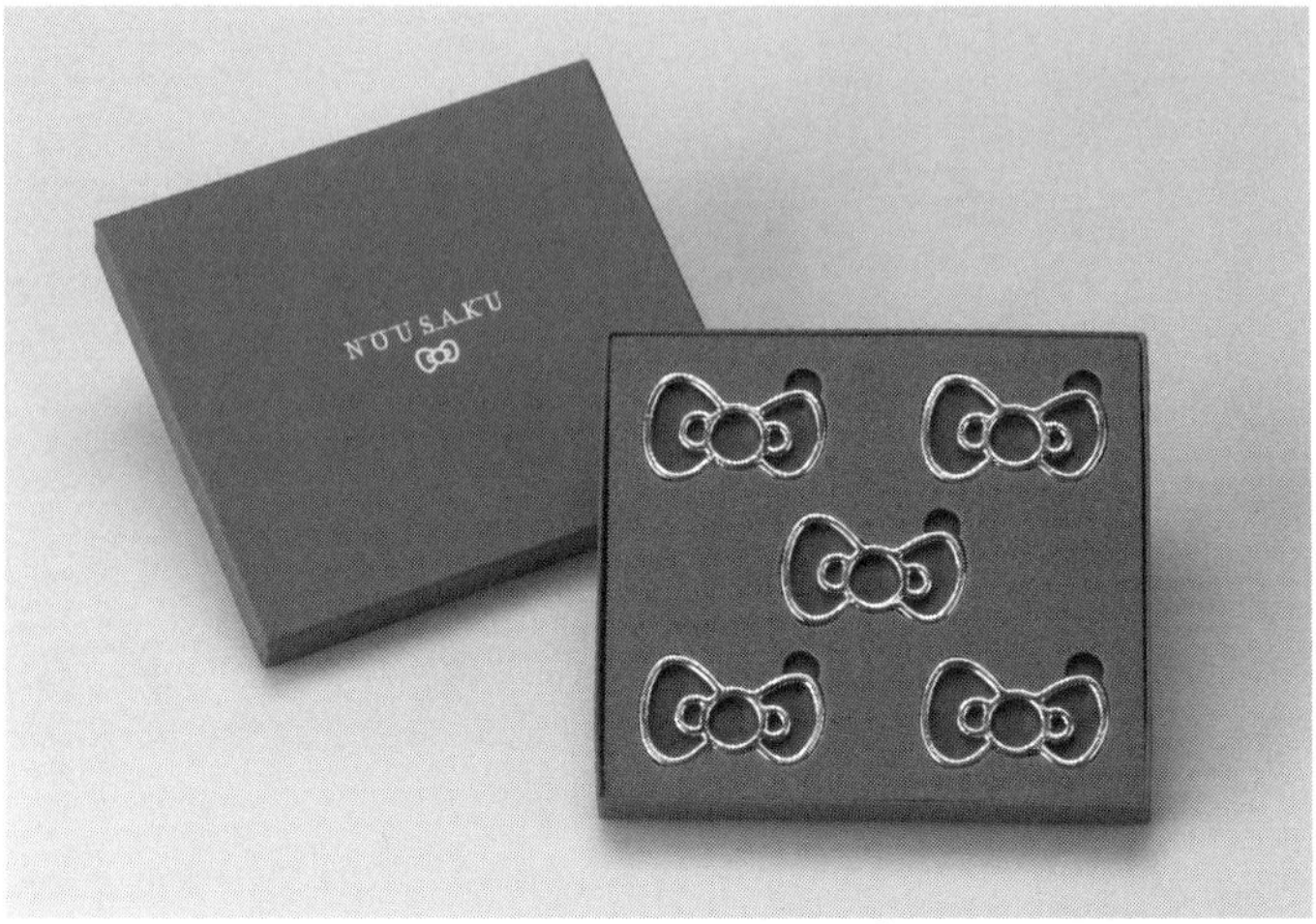

ハローキティリボン箸置

・ハローキティ シリーズ

ハローキティのトレードマークである、リボンをモチーフにしたアイテムです。「ハローキティ リボンマドラー」「ハローキティ リボントレー」「ハローキティ リボン箸置」などを展開しています。

・くまモン

熊本県PRキャラクター「くまモン」をモチーフにしたアイテムです。「くまモンの箸置」「くまモンのトレー」などを展開しています。この商品は、熊本の復興支援として、売上の2％を熊本県へ寄付しています。

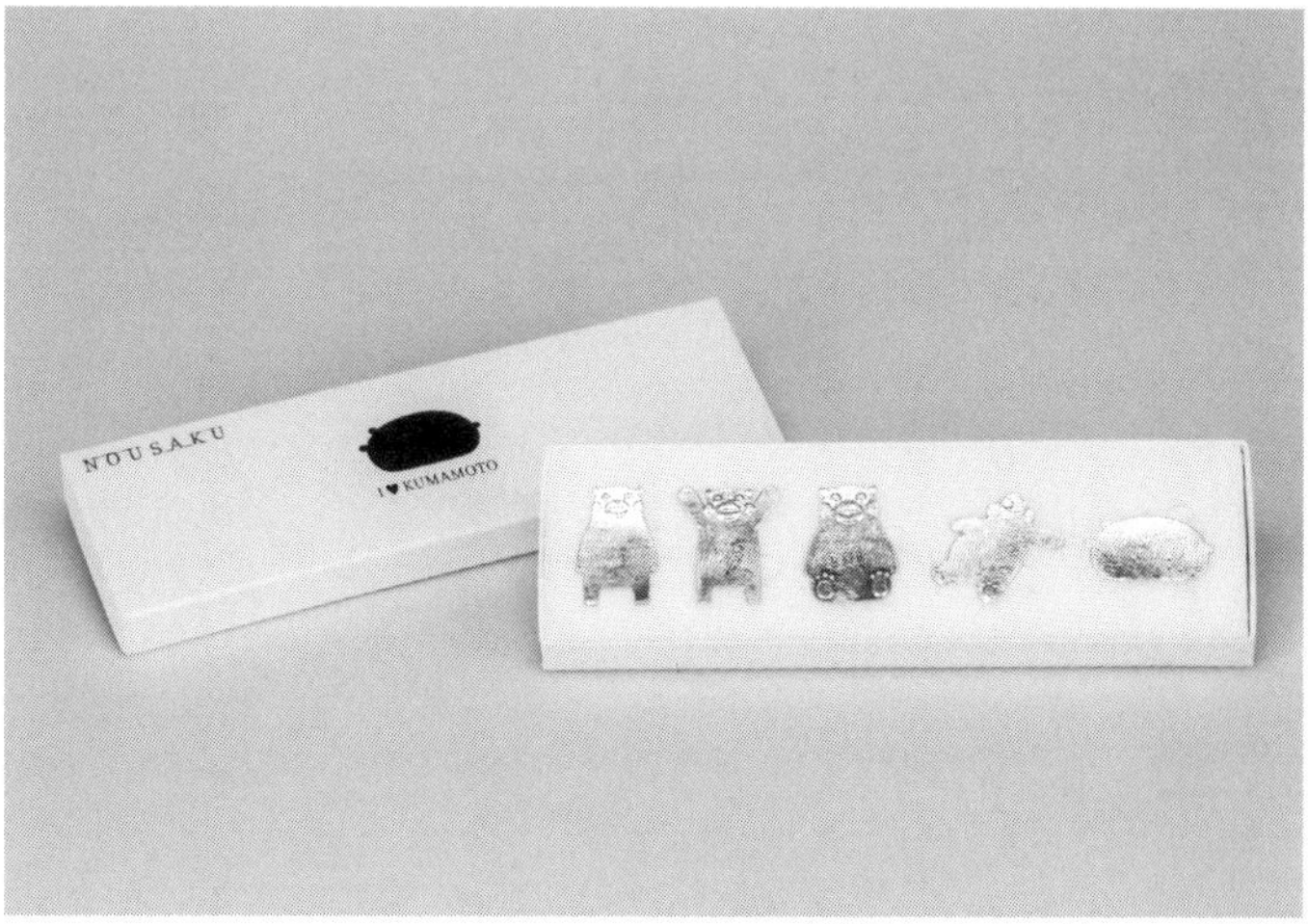

©2010 kumamoto pref. kumamon#K27085

くまモンの箸置

衰退産業でも、発想を変えれば逆転のヒントはあります。

そのためには、古くからのスタイルに特化・固執せず、新しい発想を柔軟に取り入れていく必要があります。

能作の売上が右肩上がりなのは、問屋からの依頼品と並行して、積極的に自社商品の開発に取り組んでいるからです。

現在、売上（年計）に占める**自社商品の割合は「約95%」以上、従来の問屋からの依頼品の割合は「約5%」**にとどまっています。

依頼品の売上は、15年前と変わっていませんから（依頼品の生産は減らしていない）、能作の成長の源泉は、「自社商品開発」にあったことは間違いありません。

能作式アイデアを生み出す「7つ」のルール

能作は、伝統的な鋳物はもとより、現代のライフスタイルに合わせた商品開発に取り組んでいます。伝統産業の技術を用いながら、「新しいアイテム」をつくり出すアイデアが能作の持ち味です。

伝統技術を「伝統工芸品」として終わらせるのではなく、身近なものづくりにも発展させる。そのために必要なのは、柔軟な発想力です。

では、どうすれば、発想力は鍛えられるのでしょうか。

どうすれば、「伝統的でありながらも革新的なアイデア」を具現化できるのでしょうか。

アイデアを生み出すために、僕は次の「7つ」のルールを心がけています。

【アイデアを生み出す7つのルール】

①人のマネをしない

②素材の性質を知り尽くす
③他人の考えを否定しない（自分の考えに固執しない）
④美術品ではなく「生活に密着した製品」をつくる
⑤蜘蛛《くも》の巣を張り巡らせて、情報をキャッチする
⑥デザイン力を磨く
⑦「軸」から外れない

①人のマネをしない

僕は常々「まだ誰もしていないことをしたい」「まだ市場にないものをつくりたい」と思っています。

能作が「デザイン風鈴」という新しい市場をつくることができたのは、真鍮の「音」に着目して、仏具製造の技術を「インテリア雑貨」へと向けたからです。能作の真鍮製の風鈴は、同じ素材でも異なる顔や音色を持ち、一つひとつが職人の手作業で仕上げられています。

②素材の性質を知り尽くす

アイデアの出発点となるのは、**「素材の性質を知り尽くし、素材にデザインを付加する」**ことです。

錫は、非常にやわらかく、容易に手で曲げることができます……「曲がるKAGO」シリーズ、「ヘバーデン リング」など。

真鍮は、澄みきった音色を奏《かな》でます。また、「ヘアライン」と呼ばれる表面の繊細な仕上げが味わい深い表情を宿します……「風鈴」など。

青銅は、銅と錫の合金で、耐蝕性《たいしょくせい》（腐食に耐える性質）に優れています……「苔盆栽《こけぼんさい》のはりねずみ」など。

能作は、受け継いだ伝統を「時代に照らし合わせて変化させる」ために、素材・技術研究や商品開発に取り組んでいます。

③他人の考えを否定しない（自分の考えに固執しない）

自分の常識にとらわれず、素直に「他人の意見」に耳を傾ける。自分の常識では考えられないことでも否定しない。「自分とは違う意見」を受け入れる素直さや謙虚さから、新しいアイデアは生まれます。

僕は、「お客様の声」を聞いてみたくて、自社製品の開発に取り組みました。ですから、ユーザーの一番近くにいるショップ店員さんの意見や、展示会にきてくださる方々の声を商品開発に反映させています。

アイデアを形にする場合、どう意見するかよりも、**「人の意見を受け入れられるか」**のほうが何倍も重要です。

たくさんの人から話を聞いて、**それぞれのよいところを吸収して進んで行く**ほうが、早く正しい結果にたどり着けるはずです。

自身の経験や知識だけで物事を図ろうとすると、考え方が偏ってしまいます。多角的に物事を解釈するためには、「自分が正しい」という思いを捨て、他人の意見に耳を貸すことが大切です。

たとえば、「立山のぐい呑」（日本3名山の一つ、富山県の立山連峰をモチーフにした錫100％のぐい呑）をつくったとき、社員から「富士山に似ている」という声が上がったので、「富士山 FUJIYAMA」（ぐい呑）を思いつきました。

その直後に富士山が世界遺産に登録され、注文が殺到。嬉しい誤算だったのは、日本には社名に「富士」のつく会社が多く、**贈答需要**が増えたことです。

すると、メディアが立山と富士山を括《くく》って、「山岳シリーズ」と表現したので、それに便乗し（笑）、鹿児島の桜島（御岳《おんたけ》）をモチーフにしたタンブラーをつくったわけです。

僕は、周囲の意見を柔軟に取り入れながら、お客様に喜んでいただける商品開発をしていきたいと思っています。

僕ら職人は、どうしても視野が狭くなりがちです。ですから一番大事なのは、**一歩引いて俯瞰《ふかん》して眺める**こと。そのためにも、他人の意見を尊重する。すると、今まで見えなかったものが見えてくるようになります。

④美術品ではなく「生活に密着した製品」をつくる

能作はこれまで、仏具、茶道具、花器といった、芸術性の高い製品（美術品）をつくってきました。

ですが、華道や茶道をたしなむ日本人は減少していますし、仏具の販売数も減少の一途をたどり、昭和60年代に比べると4分の1を下回っています。

鋳物の普及、伝統産業の再生、経営の継続性などを考えた場合、衣食住にまつわる「生活に密着した製品」に注力したほうが「量」（使用者の数）が増えるため、市場シェアの拡大が期待できます。

現在、能作の主力となっているのは、生活に密着した製品であるテーブルウェアです。

⑤蜘蛛《くも》の巣を張り巡らせて、情報をキャッチする

僕は、あらゆる情報を「仕事」や「ものづくり」と結びつけて解釈しています。ですから、日常生活のすべてが「アイデアの種《たね》」「発想の源泉」です。

僕はよく「蜘蛛の巣（網）」にたとえるのですが、日頃から大きな蜘蛛の巣を張り巡らせておくと（情報収集のために常にアンテナを立てていると）、情報の取り逃しがありません。情報の偏りを避けるためにも、大きな蜘蛛の巣を張り、柔軟な姿勢で情報を収集することが大切です。

さまざまな情報を収集し、蓄積しておくことによって、新たなアイデアが生まれやすくなります。

⑥デザイン力を磨く

僕は、「素材のよさ」を引き出しつつ、「時代を反映するデザイン」を盛り込みながら、日用品としての金属の可能性を追求しています。したがって、商品開発にあたってはデザインを重視しています。

商品のデザインは、はじめは自分で行っていましたが、現在では、小泉誠《こいずみまこと》さんや安次富隆《あしとみたかし》さんなど、外部のプロダクトデザイナーと積極的にコラボしています。

デザイナーが多いと、商品のブレが出やすい（シリーズとしての統一感が出にくい）のですが、**「素材」を統一するとブレが見えにくくなる**ため、素材のよさを引き出すことができます。

ただし、店舗の設計や什器《じゅうき》（店舗で使う家具や器具）やグラフィックデザインは、それぞれ信頼する一人のデザイナーにお任せして、統一感を演出しています。

デザイナーとの契約は、販売実数をもとに対価を支払うロイヤリティ契約（成果報酬型）にしています（デザイン料を固定しない）。

デザイナーからしてみれば、「いいものをつくればつくるほど（売れれば売れるほど）、報酬が増える」のでモチベーションが上がります。一方、能作からしてみれば、売れない製品に無駄なコストをかけずにすみます。

⑦「軸」から外れない

能作は、**「やりたいことは、全部やる」**のが基本です。

とはいえ、「軸」から外れてはいけません。軸とは、能作の根幹にある哲学です。新規事業に取り組むときも、事業目的や既存事業の延長線上にあるべきです。

たとえば、ブライダルを手がける和楽《わらく》グループと提携した、結婚10周年を祝う「錫婚式事業」では、能作本社での挙式や記念撮影に加え、錫製品の製作や特別な食事といった体験型のサービスを提供しています。

一見しただけでは、ブライダルと伝統産業につながりは見えません。

しかし、「錫」というキーワードを際立たせると、能作がこの事業に参入する意義・意味が生まれます。錫婚式を通して「錫製の食器や雑貨の拡販」「錫製品の認知度向上」に寄与できるからです。

先日、社屋の屋根の一部に、「鳩」の巣が見つかりました。鳩の糞や羽毛は、感染症の原因となるウイルスや病原菌を運びます。また、地面に落ちて溜まった糞は、施設の美観を損ねたり、悪臭の原因にもなりかねません。

そこで、「どうすれば鳩の停留《ていりゅう》を防ぐことができるか」を社内で検討した結果、「鷹匠《たかじょう》を呼んだらどうか」というおもしろい意見が出ました。

鷹匠は鷹を飼育・訓練する専門家で、害鳥駆除や追い払いもします。江戸時代には幕府・諸藩の職制として位置づけられていました。

鷹匠を呼んで、鳥害抑止に役立てるだけでなく、地域の子どもたちを集めた「イベント」を実施する。そうすれば、鷹狩り文化を子どもたちにも体験してもらうことができますから、産業観光への取り組みの一環として、鷹匠は「軸から外れていない」と解釈できます。

まだアイデアの段階ですが、将来的な展望として、「宿泊業」への進出もありうるかもしれません。能作の新社屋は、全国から年間12万人を動員する観光スポットになっていますが、現状では高岡市内に宿泊施設（特にファミリーで泊まれるホスピタリティの高い旅館など）が不足しています。

地域を活性化させるためには、観光客（見学客）の滞留時間を拡大する必要があります。だとすれば、能作が「宿泊業」に乗り出すのは、理にかなっているわけです。

一方で、専務（長女の千春）から、子ども向けのイベントで「『お化け屋敷』をやりたい」と言われたときは、すぐさま却下しました（笑）。

お化け屋敷は、エンタテインメントとしての楽しさはあるものの、伝統産業や鋳物技術との関わりが弱く、既存事業の延長線上にあるとは思えないからです。

自社製品の開発も、産業観光も、いわば「枝」であり、「枝」が豊かに伸びていけるのは、職人の技術という「幹」が太く、根っこには４００年の歴史があるからなのです。

「もの・こと・こころ」を提供する

能作では、ものづくりにおける「もの・こと・こころ」の３つを重視しています。

・もの＝品質のよい商品
・こと＝高岡の伝統産業の技術、地域性や歴史、素材など
・こころ＝職人やデザイナーの想い

商品をつくるだけでも、販売するだけでもなく、ものの裏側に隠れがちな歴史や、つくり手の想い、生産の背景といった「ストーリー」を紹介することで、能作の、ひいては高岡銅器の「本当の価値」に共感していただけると考えています。

第3章

なぜ、営業しなくても、売上が10倍になったのか？

能作に営業部門がない理由

能作は、2002年に「真鍮の風鈴」を開発し、新たな市場へと踏み出しました。

もともと鋳物の下請けメーカーですから、自社商品の開発・販売は、あくまでも「問屋を中心とする流通形態を保つこと」が大前提です。

そのうえで、どのように販路を広げていくかが課題です。

自社商品開発・販売のルールは「6つ」あります。

【自社商品の開発・販売に関するルール】

①自社のオリジナル商品のみ直販する

②小売店がすでに問屋と取引がある場合は、問屋経由とする

③営業部門をつくらない

④「定価」で販売する

⑤販路を絞らない

⑥店舗は直営にこだわる

①自社のオリジナル商品のみ直販する

直販するのは、オリジナル商品に限ります。産地の問屋で扱ってもらっている仏具、茶道具、花器は従来どおり「問屋」に卸します（生地屋としての事業は引き続き継続）。

・旧来品（問屋からの依頼品）……問屋へ卸す（直販はしない）
・オリジナル商品…………………直販する（問屋へも卸す）

問屋を飛び越えると、地域内の分業制が成り立たなくなり、問屋だけでなく、着色や彫金を行っている会社にも迷惑をかけてしまいます。古くからの慣習だった**「共存共栄」**に反することになりかねません。

ですから能作は、高岡の問屋と、他の生産者の邪魔をしないように配慮しつつ、独自のチャネルを開拓したのです。

②小売店がすでに問屋と取引がある場合は、問屋経由とする

新しい会社（小売店）とつき合うときは、「高岡の問屋とのつき合いがありますか？」と確認してきました。

すでに高岡の問屋と取引のある小売店は、問屋との衝突を避けるため、（オリジナル商品を扱うときでも）問屋を介していただきます。売ろうとする先（小売店）が問屋と取引があるのに能作が直販をすれば、不協和音が生まれてしまうからです。

実際には、問屋との取引がある小売店は、ありませんでした。つまり、

「伝統産業は、つくり手だけでなく、流通も古い」

「既存の販路だけで、新規開拓をしてこなかった」

ということであり、逆に言うと、「自分たちの手で販路を広げる（市場を広げる）余地が残っている」わけです。

ただ、「流通が古い」からといって、僕は問屋を中心とした事業構造を「壊そう」と思ったことは一度もありません。

能作は、問屋を通さずに直販比率を上げているため、他の生産者から、「能作さんが問屋の壁を壊してくれたから、自分たちも後に続きやすい。問屋に遠慮しないですむように

なった」と言われたことがあるのですが、僕は「地域の伝統産業を壊さず、地域全体で成長したい」と思っているので、「問屋の壁を壊した」という表現は適切ではありません。

むしろ、問屋の邪魔をしないように、「避けてきた」つもりです。また、「新しい販路に新しい商品」を持ち込んでいるので、高岡全体の経済に貢献している自負もあります。

③営業部門をつくらない

能作は、営業や売り込みを一切していません。独自に営業をすると、問屋に迷惑をかける可能性があるからです。

したがって、僕のほうから「出店させてください」「能作の商品を置いてください」とお声がけしたことは一度もありません。

「こられる方に対応する」のが基本です。

「能作の製品が本当にほしい人は、高岡まできてください」とわがままな姿勢を貫いています。三越も、松屋銀座も、パレスホテル東京も、ありがたいことに**先方から出店の依頼**をいただきました。

能作に営業スタッフがいるとすれば、それは**「富山県の人たち」**です。

県民の方々が、「この商品は、高岡にある『能作』という会社がつくったんだよ」と口コミをしてくださっているからこそ、全国展開できたのだと思います。とてもありがたいことです（都道府県別の売上を見ると、東京に次いで富山の売上が大きい）。

大切なのは、技術を磨いて、「能作さんの商品は、素晴らしい」「能作さんのものづくりに対する姿勢に共感する」と思っていただけるようになることです。

それがかなえば、営業部門を持たなくても、お客様のほうからお声がかかると思います。

④「定価」で販売する

伝統産業品は「定価」の概念が希薄です。「定価1万円」の商品なのに、店頭では「5000円」や「3000円」の値がついていることもあります。定価が最終的な価格にならないため、「定価はあってないようなもの」なのです。

僕は、「定価はあってないようなもの」という市場に違和感を覚えていました。「商品の信用度」を下げるからです。

能作は「商品価値」と「400年の技術」と「職人の誇り」を貶《おとし》めないためにも、値引きをせずに「定価」での販売を基本としています。

こちらから営業をかけた場合は立場が弱くなりますから、相手の言い値や要求を突っぱねるのは難しい。「掛け率を下げてほしい」と言われたら、「はい」と言うしかない。

しかし、「こられる方に対応する」場合は、交渉の主導権はこちらが握っているので、値引き交渉はされにくくなります。

⑤販路を絞らない

どんな小さなお店でも、「能作の製品を取り扱いたい」という依頼があれば、基本的には受け入れています。

販路を絞って卸し先を限定すると、自社製品をＰＲする場が小さくなるからです。現在、取扱店は８００店以上に増えています。

⑥店舗は直営にこだわる

営業部門を持たない能作では、直営店の販売員がお客様と会社をつなぐ生命線です。直営店には、「聞く」と「伝える」の「２つ」の役割があります。

| 富山大和店 |　| 博多阪急店 |

| パレスホテル東京店 |

| マリエとやま店 |

| ジェイアール名古屋タカシマヤ店 |

| 日本橋三越店 |

| 松屋銀座店 |

| 大丸神戸店 |

| 阪急うめだ店 |

| 福岡三越店 |

・「聞く」……お客様の要望を聞く
・「伝える」……「もの・こと・こころ」を伝える。背景やストーリーと一緒に商品の魅力を伝える

「展示会」に積極的に出展し、認知度を高める

営業部門を持たない能作にとって、販路開拓の中心は、展示会やビジネスショーへの出展です。

「素材や技術を正直に見せる」
「商品を広く情報発信する」

ことがメーカーには最も大事ですから、「地域資源活用売れる商品づくり支援事業」（地域資源活用新事業展開支援事業費補助金）などを活用しながら、展示会に積極的に出展し、市場の拡大を図っています（年に2、3回ペースで出展）。

【展示会に出展するメリット】

◎素材、技術、商品に関する情報発信ができる

「売ること」はもちろん大切ですが、**技術を見ていただき、異業種の人から「こういう商品をつくってほしい」という依頼を引き出すことも重要**です。

メーカーの仕事は「つくる」ことであり、「売ることではない」と僕は考えています。

自分たちの商品には自信があるので、「いいものをつくる技術を必要としている人」には、能作の技術を活用してもらいたい。そのためには、素材や技術についてPRすることが重要です。

◎「興味のない人」へ訴求できる

興味のない人に対しては、「これでもか」というくらい繰り返し見せていかないとなかなか認知してもらえないので、同じ展示会に何回も続けて出展しています。

また、展示会への出展の他、次のようなことにも積極的に取り組んでいます。

●SNSによる情報発信
●イベントなどに自社商品を貸出

| ギフトショー2019 |

（例）
「第23回　世界料理オリンピック2012」に出場する富山県の桃《もも》井《い》勉《つとむ》シェフに器を貸出。桃井シェフが「コールド・プラッター・ディスプレイ」（オードブルの盛りつけや彩《いろど》り、調理法などを競う種目）で金メダルを受賞し、能作の「曲がる食器」も話題となる
◉テレビ・ラジオ・雑誌などのメディアへの露出（取材、撮影依頼があった場合は、前向きに協力）
◉家電、医療等の異業種の雑誌への掲載などにも力を入れて、新たな層や異業種への認知獲得に努めています。

海外展開を成功させる7つのコツ

能作は、2008年にオリジナルデザインのハンドベルがMoMA（ニューヨーク近代美術館）デザインストアの販売品に認定されて以降、海外展開を進めています。MoMA（ニューヨーク近代美術館）は、美術館として初めて1932年にデザインに特化したキュレーション部門を立ち上げ、以降20世紀中盤にわたり、「グッドデザイン」とは何かを追究し、牽引してきました。

金属製品は、日本よりも海外市場に強い。なぜなら海外は「金属文化」だからです。農耕民族の日本人には、金属に対し「冷たい」「切れる」「金属臭がある」というイメージがあるため、食器でも木や陶器のあたたかさを好みます。家庭のキッチンでも、包丁は戸棚の中に隠していることが多いと思います。

しかし欧米では、金属の食器は当たり前。包丁は壁に見えるように収納するなど、金属に対して「明るい」環境があります。だから僕は「海外には大きな市場があるのではないか」と考えたわけです。

| 台湾でも能作商品が大ヒット |

「伝統産業で海外進出したい」と考える職人は以前からいましたが、どうすれば海外展開できるのか、そのノウハウがなかったため、「出たい」という思いはあっても、多くの職人が二の足を踏んでいました。

「だったら、能作が最初に海外に出て、轍《わだち》を残そう」と思い立ち、海外に進出。現在もチャレンジを続けています（上の写真は台北マリオット店）。

海外展開は、「地域貢献」の一環でもあります。高岡でも、多くの企業が海外に出ることを望みながら、実現できていないのが実情です。

けれど、能作が他社に先がけ、先陣を切って道筋をつけることができれば、後に続く企業も増えてくるはずです。
現在、能作の海外売上高は3％程度ですが、将来的には「15％」程度まで伸ばしたいと考えています。

【能作のおもな海外展開】

2008年……ハンドベルがMoMA（ニューヨーク近代美術館）デザインストアの販売品に認定
2010年……フランス・パリの見本市「メゾン・エ・オブジェ」に出展
中国・上海の「インテリアホームデコ&デザイン展」に出展
2012年……ドイツ・フランクフルトの展示会「アンビエンテ」に出展
2013年……フランスのデザイナー、シルヴィ・アマールと提携し「シルヴィ・アマール・スタジオコレクション」シリーズとして発売
フランス・リヨンの「シラ国際外食産業見本市」に出展
2014年……イタリア・ミラノに能作ショップをオープン（現在はクローズ）
2017年……アメリカ・ニューヨークにアンテナショップを共同出店

（日本企業6社と共同出店）
バンコクの伊勢丹、台北のマリオットホテルに店舗をオープン
「KAGO-スクエア-L」がMoMA（ニューヨーク近代美術館）デザインストアの販売品に認定

海外事業を軌道に乗せるコツは、次の「7つ」です。

【海外事業を成功させる7つのコツ】

①海外展示会に出展する
②各国の文化に合わせた製品を開発する
③「伝え方」を工夫する
④店舗を持つ
⑤“Think Global, Act Local”
⑥法人ギフトの需要を販路開拓に結びつける
⑦途中であきらめない

①海外展示会に出展する

能作では、海外での販路をつくるために、世界中の著名な国際展示会に自社の製品を出品しています。

初めての展示会はフランス・パリの「メゾン・エ・オブジェ」でした。出展には400万円の費用がかかりましたが、「地元や同業者を活性化したい」という気持ちもあり、JETRO（海外ビジネス情報の提供、海外展開支援、対日投資の促進などに取り組む独立行政法人日本貿易振興機構）の支援（展示会場スペースの提供など地域資源の認定により200万円を補助）を得て、2010年に出展しました。

海外展示会に出展することで、

- **海外展開を意識したマーケティング**
- **人脈やノウハウの構築**
- **企業としてのステイタスの向上**
- **OEMの製作依頼**

などが期待できます。

海外展示会のブース

・海外展開を意識したマーケティング

出展当初は、「どのような商品が海外で評価されるのか」がまったくわからなかったので、さまざまな商品を展示して、来場者の反応を見るようにしました。

海外市場と日本市場の違い（カラーやサイズ感など）もうかがえるため、**海外展示会はマーケティングの絶好の場**です。

「展示会場での反応を次年度の商品展開の参考にする」やり方は、今も続けています。

また、展示会場でのブース割り（ブースの場所）が、現地市場における各企業の力関係を表しています。

「出るからには、いい場所を確保したい」と考え、展示会主催者に対して自社商品のプレゼンを行い、通路に面した角地を確保したこともありました。

・人脈やノウハウの構築

海外展示会に継続して出展していると、いろいろな方との面識ができて、そこで出会った方々が後に手を貸してくださることがあります。海外市場進出の際に、現地の業者と手を組むことはとても重要です。

「海外で商品を買いつけて、日本市場に入れている日本の会社」も相当数あるのですが、このような会社の担当者とも海外展示会で会え、新たな取引のきっかけが生まれたこともありました。

・企業としてのステイタスの向上

日本で行われていた展示会、「インテリアライフスタイル展」で2回ほどお会いした台湾のバイヤーがいます。日本ではまったく相手にされなかったのですが、「メゾン・エ・オブジェ」の会場でそのバイヤーと再会したとき、彼はこう言いました。

「メゾンに出展できるほど認められているのなら、ぜひ商談をしましょう」

国内では商談には結びつかなかったのに、海外では商談が成立しました。海外の有力展示会に出展したことで、能作の評価が上がったのです。

・OEMの製作依頼

フランスのシャトーホテルから、サービングウェア、砂糖を入れる壷《つぼ》、スプーンの製作依頼があり、韓国の高級寿司店からは食器製作の依頼をいただきました。また、某シャンパンメーカーのボトルクーラーの製作依頼にも携わるなど、「能作の技術を見ていただき、異業種の人から製作依頼を引き出す」という目的を実現することができました。

海外展示会の準備については、開催日の4、5か月前に、次回出展に向けたキックオフミーティングを開いています。その後、海外担当2名が手分けをしながら、

・テーマと訴求ポイントの整理
・商品セレクトやイメージの絞り込み
・価格の設定
・前回の展示会で明らかになった課題への対策

・海外向けのリーフレットとプライスリストの作成

などを確認していきます。

②各国の文化に合わせた製品を開発する

「日本国内で売れている製品であれば、海外に持っていっても売れる」という考え方は通用しません。文化の違いを踏まえたうえで、各国の文化や生活スタイルに合った商品開発をしなければ、受け入れてもらえません。

日本では好評だった錫製ビアカップは、中国でもアメリカでも、見向きもされませんでした。理由は、**中国はビールを「冷やす習慣」がない**から。**アメリカは「ビンで直接飲む」**からです。

フランスでは盃《さかずき》が「ソース入れ」として使われ、小鉢が「フィンガーボール」として使われました。

韓国では、箸とスプーンがセットなので、日本で人気の箸置は相手にされませんでした（日本の倍の長さが必要）。

中国・上海では、商品を桐箱に入れて持っていったところ、「骨壷《こつつぼ》みたいだ（上海では

海外でも販売しているシャンパングラス

骨を桐箱に納める習慣がある）」と敬遠されました。

そこで、**箱の色を赤くして、金色で「能作」の名前の箔押しをしたところ、一転して評価が変わり、今度は好評**を得ました。また、「能作」という漢字は、中国語でも「よいものをつくっている」というイメージを与えるため、好意的に受け入れられました。

シャンパングラスも、日本で売っているものより「30～40cc」は多めに入らないと、外国人には小さすぎます。

山口県の蔵元、旭《あさひ》酒造株式会社の桜井博《さくらいひろ》志《し》会長によると、日本酒の「獺祭《だっさい》」が海外で広がっているのは、**「スーツを着てワイ**

ングラスで飲むスタイルを提案した」からだそうです。

また、南部鐵器《なんぶてっき》の「岩鋳《いわちゅう》」の製品がヨーロッパで売れているのは、**カラフルな着色**をしたからです。

消費材である以上、**相手の文化に尊敬を持って、現地の文化や生活スタイルを理解**した製品づくりをしなければ、手に取ってもらえません。

③「伝え方」を工夫する

ものづくりに関して、日本は「世界一」だと僕は思っています。

ですが日本人は、「伝え方」（プレゼンのしかた）がうまくありません。

海外の人は、「白か黒か」を明言しますが、日本人は「グレー」と答えるあいまいさがあるため、海外では伝わらない。日本人は自信作ですら、「たいしたものではありませんが……」「いいえ、まだまだ」と謙遜します。謙遜は日本では美徳ですが、欧米ではむしろマイナスです。

日本人は実力があるのに、実力を隠そうとします。だから海外では、「実力がない」と評価されてしまいます。

反対に海外の人は、積極的にアピールし、自分の実力以上に見せることができます。プレゼン能力をいかに高めるか……。伝える力の向上は、日本の伝統産業の課題です。能作では、海外での訴求力を高めるために「画像」を大切にしています。文章よりも画像のほうが一目でアピールできるからです。

さらに、製造現場の様子を動画で見せるなど、海外でも「もの・こと・こころ」（歴史や職人の想い）を伝えるように心がけています。

④店舗を持つ

海外で店舗運営をするのは、日本市場と同じように**「お客様の声を集めるため」**です。店舗があれば、現地の文化や習慣を知ることができます。

これまで海外展示会には何度も出展しており、現在でも年2、3回は出展しています。でも、展示会が終わると、それ以上の広がりはなかなか期待できません。

現在、能作社内には英語や中国語を話せる社員が数名いて、ある程度は外国の文化にも詳しくなっていますが、やはり現地のことは現地の人に聞くのが一番です。

海外の展示会の風景

⑤〝Think Global, Act Local〟

能作の海外進出は、〝Think Global, Act Local〟（GLOCAL《グローカル》……世界規模で考えて、地域で行動する）ことが基本です。

能作は「高岡の伝統を支えている会社」ですから、「海外に工場をつくって、現地で生産する」ことは一切考えていません。「高岡の地でものづくりをして、それを世界に送り出す」ことを考えています。

⑥法人ギフトの需要を販路開拓に結びつける

たとえば、国内でも「海外向けのお土産（海外渡航の際の土産物）」として、能作の商品を望まれている方がいらっしゃるので、日本語、英語、中国語での説明書やカタログなどの印刷物を整備しています。

その効果は予想以上で、お土産をもらった方から、購入方法についての問合せをたくさんいただいています。

⑦途中であきらめない

海外進出を軌道に乗せるには、時間がかかります。その覚悟を持ってじっくりと腰を据えないと難しいと思います。

「2年間、海外の展示会に出たのに、成果が出なかったからやめました」では、愚の骨頂です。3年、4年、5年と続けていけば、必ずヒントが見つかります。だから、あきらめないことです。

能作は、**日本国内での販路開拓に「10年間」**かかっています。

ですから、海外市場の開拓も、同じくらいは時間をかける覚悟です。

コラム

デザイナー・小泉誠さんの証言

僕が能作克治さんと出会ったのは、２０００年くらいだったと思う。それ以来、デザイナーとして、能作の商品や展示会、お店の空間設計などに関わってきた。

特に印象深いのが「新社屋」の建設だ。１回目、２回目、３回目と打合せは続く。だが、ピンとくるコンセプトがなかなか出てこない。そんな中、新社屋の建築家・広谷純弘《ひろたによしひろ》さん率いる建築チームは、大量の模型でプランを出し続けた。そして、その中の一案にみんなの目がきらめいた。

「ひとつ屋根の下にみんなでいよう。
工場の職人も、事務方の人も、来場者の人たちも、
この地域の人たちが『ひとつ屋根の下』でみんなひとつになろう」

| 社員食堂 |

　この瞬間、「わあ、いいね、いいね！　これだね！」とみんなが笑った。

「ひとつ屋根の下」という新社屋のコンセプトが決まってからは強かった。

　地域の材料を使おう。能作らしい錫や真鍮を使おう。「職人カレー」も錫100％の食器で食べてもらおう……。

　そのとき、みんなが一番考えたのは、**働くスタッフの人たちが気持ちいい環境にしよう**ということ。そこで、今回の計画では、**「社員食堂」を一番気持ちのいい場所にしよう**と思った。あえてカラフルな空間の中で、みんながわいわい食事できるスペースをつくった。

　そして、社員食堂の入口前の通路に**「Library（ライブラリー）」**を設けた。

　ここには、能作の記事が掲載された書籍や雑誌がある。

実は、この**壁面材料は新社屋で一番いい素材**を使っている。上からは**やさしい間接照明の光**が降り注ぐ。ホッとできる自然素材で光もやわらかく、自分たちの仕事場が誇らしくなるような場所をつくりたい。それが見学者にもそっと伝わるといいなと思っていた。

僕と能作さんはほぼ同世代。団塊世代のひと回り下で、ある意味、何もかもレールが敷かれていた。でも、僕と能作さんは「轍《わだち》をつくりたい」タイプ。2人で「団塊世代の倍、働こう」とバカなことを語り合った。能作さんは朝5時頃から工場に出て、夜も一番遅くまで会社に残っていた。僕も同じような感じだった。すると2人とも内臓を壊し、下血した。僕は3リットル、能作さんは4リットル。**〝下血自慢〟**をしあったデザイナーと経営者は僕らぐらいでしょう(笑)。

| Library(ライブラリー) |

あるとき、能作さんとフランスの展示会の下見に行った。すると、能作さん、飲むわ食べるわ、すさまじい。飛行機の中では、寝るのも忘れてウィスキーの「白州《はくしゅう》」を「白洲《しらす》」と間違え、「シラス、うまい!」と

グラスいっぱい飲んでいたのを思い出す（しかも水で薄めずに）。

能作さんとは20年弱のつき合いだけど、とにかく「好奇心」がすごい。無理に出なくてもいい展示会に能作の商品を出したとき、脳外科医がきて、「これ、おもしろいね。曲がるんだったら、脳外科の手術で使えないかな」と言われ、そこから脳外科手術の医療機器をつくってしまった。出なくてもいい展示会にあえて出たからこそつかめたチャンスだったと思う。

新社屋のプロジェクトが始まる以前から、伝統技術ディレクターの立川裕大《たちかわゆうだい》さん、グラフィックデザイナーの水野佳史《みずのよしふみ》さん、能作さん、僕の４人で視察旅行に行った。そこで夜な夜な酒を酌み交わした。仕事なのに、部活の延長のような感覚で未来を語り合った。あれが大きかったなぁ。

そして**「ひとつ屋根の下」**という強いコンセプトが発せられたとき、一気に川上から水が流れ始めた。これまでいろいろな仕事をしてきたけれど、これだけ結束力の強いプロジェクトは記憶にない。そして何よりも僕をやる気にさせたのは、新社屋の建築家を決めるときの能作さんのひと言。

「小泉さんたちがやりやすい人とやってください。任せますから」

「任せる」という社長はたくさんいる。だけど、本気で僕らを信頼してすべてを任せてくれる社長は少ない。僕らはあくまで能作さんに頼まれて「デザイナー」として関わっている。僕らは職人集団だから相手のことを尊重する。一人ひとりがそれぞれの持ち場を尊重する。そんなスタンスだからおもしろい仕事ができたのかもしれない。

能作さんとは家族のような感覚でいて、利益がどうのこうのを超えて、能作さんが喜んでくれればきっとお客様も喜んでくれると思っている。まさに伝統産業とひとをつなぐ仕事が能作さんの天職なのだと思う。これからも能作さんの役に立てることがあれば何でもしようと思っている。

小泉　誠
（こいずみ・まこと）
デザイナー

1960年、東京生まれ。木工技術を習得した後、デザイナー原兆英《はらちょうえい》氏と原成光《はらしげみつ》氏に師事。1990年、Koizumi Studio設立。2003年にデザインを伝える場として「こいずみ道具店」を開設。建築から箸置まで生活に関わるすべてのデザインを手がけ、現在は日本全国のものづくりの現場をかけ回り、地域との協働を続けている。2015年には「一般社団法人わざわ座」を立ち上げ、手仕事の復権を目指す活動を開始。
2005年より武蔵野美術大学空間演出デザイン学科教授。2012年毎日デザイン賞受賞。2015年日本クラフト展大賞。2018年JIDデザインアワード大賞。

第4章

同業他社と戦わず
地域と共存共栄しながら、
見学者が300倍に
なった仕組み

産業観光の目的は、「子どもたちに、地域の素晴らしさを知ってもらう」こと

能作は、２０１７年４月に、新社屋をオープンしました（富山県高岡市南部の高岡オフィスパーク内／敷地１万３４３６平方メートル／鉄骨２階建：延べ４９６０平方メートル／総工費約16億円）。

新社屋は、「生産拠点」としての事業活動はもちろん（旧工場と比べて、生産能力は１・5倍にアップ）、「産業観光」の拠点となっています。産業観光とは、地域特有の産業、工場、職人、製品などを観光資源とする旅行のことです。

工場見学や鋳物製作体験が好評をいただいており、月に約１万人ペース、**年間12万人**が訪れています。

見学者数は、僕が社長に就任した２００２年と比較すると、実に**３００倍以上**です。

おかげさまで、新社屋は、日本サインデザイン大賞（経済産業大臣賞）、日本インテリアデザイナー協会AWARD大賞、Lighting Design Awards 2019 Workplace Project of the Year（イギリス）、DSA日本空間デザイン賞 銀賞（一般社団法人日本空間デザイン協会）、JCDデザインアワードBEST100（一般社団法人日本商環境デザイン協会）など、数々のデザイン賞をいただきました。

この栄誉は、立川裕大《たちかわゆうだい》さん（伝統技術ディレクター）、小泉《こいずみ》 誠《まこと》さん（デザイナー）、水《みず》野《の》佳史《よしふみ》さん（グラフィックデザイナー）、広谷純弘《ひろたによしひろ》さん（建築家）たちと2014年頃から月1、2回のミーティングを開き、「これまで見たことがないものを」の精神で、みんなでわくわくしながらつくった結果だと思っています。

能作の現場や技術を一般に公開することで、

- **企業、製品のPR**
- **周辺地域との交流**
- **生活を支えるものづくりの重要性の啓発**
- **「知る、学ぶ、体験する」という新しいタイプの観光の提供**

などが実現できます。

能作では、２０１６年9月から「産業観光部」を組織し、「鋳物の魅力」と「地域の魅力」のＰＲに取り組んでいますが、産業観光部の立ち上げ以前から（約30年も前から）、

「ものづくりの魅力を伝えたい」

「産地全体の活性化につながるビジネスモデルをつくりたい」

「伝えることで産地を変えたい」

という想いを持って、工場見学の受け入れを行ってきました。


産業観光の目的は、「地域創生」「産地存続」「技術の伝承」などが挙げられますが、一番の目的は、

「地元・高岡の子どもたちに、地域の素晴らしさを知ってもらう」

ことです。僕にとって地域創生とは、

「子どもたちを、変えていくこと」

「子どもたちが、自分の故郷を誇れるようにしていくこと」

だと考えています。

日本人は、海外の人に比べると、地域愛・自国愛に乏《とぼ》しい印象を受けます。少子高齢化、生活様式の多様化、自然・社会体験活動の不足などが原因で、子どもが地域に関わる機会が少なくなり、その結果、地元（地域）への理解や関心が低くなっている気がします。

将来を担う子どもたちが、地域に対する理解と関心を深めて「ふるさと自慢」をするようになれば、地方は創生し、ひいては「日本」も創生すると僕は考えています。

だからこそ、次代を担う子どもたちの財産となるような活動に力を注いでいるのです。地域に貢献しない会社は全国展開しても成功しませんし、日本に貢献しない会社が世界で成功することもありません。

社屋の移転にあたっては、「子ども」と「子どもを持つ主婦」をターゲットに設定し、

- 保育園や幼稚園の園児には、紙芝居やクイズを使って説明したり、電車ごっこで工場を回ったりする
- 夏休みの宿題を兼ねて、高岡銅器について学習できるプランを用意する

・カフェには、キッズコーナーを設け、親子でゆっくりとした時間をすごしていただく

といった、親世代や子どもたちが好む企画も打ち出しています。

【産業観光事業の5つの柱】

新社屋では、「工場見学」「鋳物製作体験」「カフェ」「ショップ」「観光案内」の5つを柱に、産業観光事業を展開しています。

・「FACTORY TOUR」（工場見学）

高岡で400年にわたって受け継がれてきた「鋳造の作業工程」をガイド（能作の社員が担当）がご案内します。

能作の工場見学は「1日に5回」開催され、参加費は**無料**です。

無料で実施しているのは、「伝統産業の素晴らしさを知ってもらう」ことが、この取り組みの第一義であり、「工場見学で儲けよう」とは思っていないからです。

見学人数にかかわらず、必ずガイドがついて、**約1時間**かけて工場の案内を行います。

無料だからといって、手をぬくことは一切ありません。**「無料でも、とことん、おもてなしをする」のが僕らのスタンス**です。

参加費という形で直接的な利益をいただくことはありませんが、見学後に、「FACTORY SHOP」で商品を購入するお客様が増えたり、お客様からいただいた生の声が次の取り組み（次の商品開発）のヒントにつながったりするため、間接的な恩恵（利益の源泉）をいただいています。また、ショップやカフェなどの売上も、産業観光としての収益です（鋳物製作体験は材料費が必要なので有料にしています。1000〜4000円）。

見学者は、作業現場に足を踏み入れて、職人の仕事を間近に見ることができるため、におい、音、温度を「五感」で感じることができます。

砂に水や粘土を混ぜ、押し固めて成型する「生型鋳造法」の作業工程、金属を型に流し込む鋳込《いこ》みの作業、仕上げの加工作業などを職人と同じ環境、目線で見ることができます。

また、社屋に入ってすぐのエントランスには、創業100年を記念した2016年のプロジェクト「**100の花器そろり**」で、高岡の100人の職人（同業他社を含む）がそれぞれの技術で製作した花器「そろり」を100本展示しています。能作の技術だけではなく、高岡のさまざまな職人の伝統の技をご覧いただけます。

・「NOUSAKU LAB」（鋳物製作体験）

「生型鋳造法」と呼ばれる砂を押し固めて成型する方法で、錫製品の製作を体験できます。工場見学で見た工程を自分で行うと、より理解が深まります。

体験メニューは、ぐい呑、小鉢、トレー、小皿、箸置、昆虫チャーム、ペーパーウェイトなどです。

・「IMONO KITCHEN」（カフェ）

能作の錫100％の器で彩った、富山の地元食材をふんだんに使用した食事（県産全粒粉を使ったベーグルをはじめ、富山米のおにぎりや大門素麺《おおかどそうめん》など）をお楽しみいただけます。大人気の「職人カレーセット」に使われているベーコンは、僕の自家製レシピでつくっています（ベーコンづくりが趣味なのです）。

・「FACTORY SHOP」（ショップ）

定番商品はもちろん、富山の老舗和菓子メーカーとコラボしたお菓子や、職人が着用しているものと同じデザインのTシャツなど、本社工場限定品も多数取り揃えています。

・「TOYAMA DOORS」（観光案内）

能作の社員がおすすめする飲食店などの観光情報をカードにしたコーナーが人気です。「好きな場所を選んで持って帰っていただけるように」とカード形式で200種類ほど紹介しています。従業員が3人以上おすすめする場所に限定し、すべて足を運び、**社内で手づくり**しています。

また、富山県を型取ったテーブルをスクリーンにした「プロジェクション・マッピング」も楽しめます（黒部ダムやホタルイカなど、富山の観光スポットや名物、祭りなどを投影）。

特に、子どもたちは大変興味を持って観てくれています。

産業観光部の寳達亜由未《ほうだつあゆみ》（前出）は、「新社屋の竣工以降、伝統産業に対する地域の関心が高くなっている」ことを実感していると言っています。

| TOYAMA DOORS |

| FACTORY TOUR |
（工場見学中）

| FACTORY SHOP |

| NOUSAKU LAB |

| IMONO KITCHEN |

| 100の花器そろり |

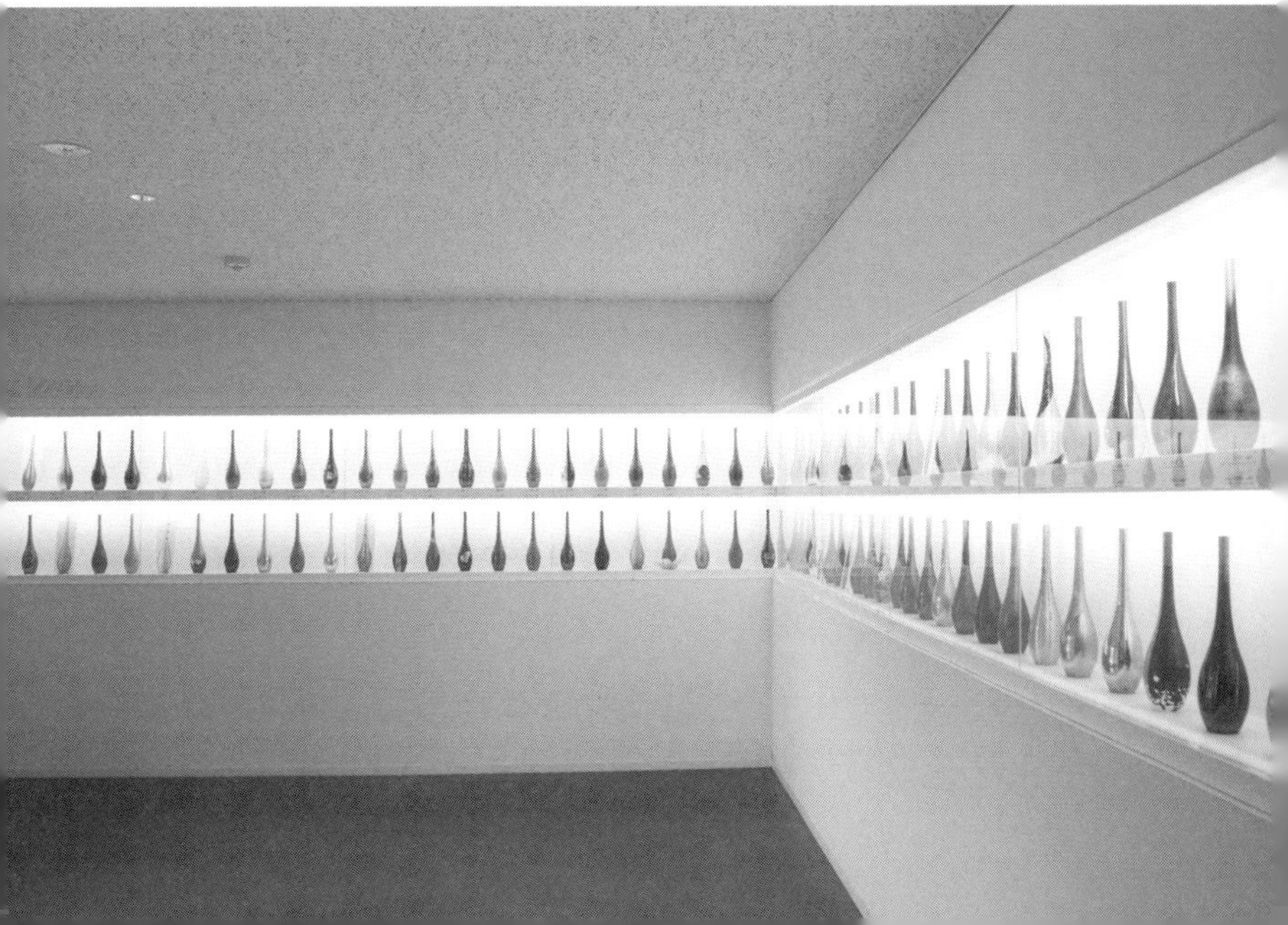

「見学者が増えたことで、鋳物のこと、能作のこと、富山のことを知っていただく機会が増えたと思います。たとえば、学校の授業の一環で見学にきた子どもたちに、『質問はありますか?』と声をかけるとたくさんの手が上がって、『すごく興味を持ってくれている』ことが伝わってきます。

工場見学者の中には、明らかに『興味はないけど、しかたなくきた』のがわかる方もいらっしゃるんです（笑）。でも、見学の途中からどんどん表情が変わってきて、『ここは何をするところですか?』と関心を持って質問をいただけたりすると、とても嬉しいですね」（寶達亜由未）

100年後も生き残る「ものづくり」へ

伝統工芸品の産地出荷額は、ピーク時の5400億円（1983年）から1000億円へ急速に落ち込み、30年で約5分の1の規模へと減少しました。

この流れを変え、日本全国の約300の工芸産地が自立するためには、「**産地の一番星**（最も元気な企業のこと）」が産地の未来を切り拓いていく必要があります。

「工芸産地が100年後も生き残る」ためには、各地のモデルケースを共有し、互いにその知識と経験を持ち寄り、切磋琢磨して高め合う場が必要です。

その場として、2017年2月に、「一般社団法人日本工芸産地協会」が設立されました（会員数は18社）。

協会代表理事は中川政七《なかがわまさしち》さん（中川政七商店代表取締役会長）で、僕が理事・副会長を務めています。

【日本工芸産地協会のおもな活動】

・カンファレンス（会議、検討会）

それぞれの産地の先進事例を多くの人に知ってもらう機会として、1年に1回、会員企業の属する工芸産地にてカンファレンスを行います（行政やマスコミにも公開）。

・勉強会

他社事例を学ぶ場です。それぞれの企業、産地の課題、成功事例、失敗事例などを共有し、成長の足がかりとします。

・ＰＲ活動

会員企業の企業情報、製品情報、取り組み事例などを発信します。また、工芸事業者の業界団体として、行政に対する働きかけを行います。

・海外向けの取り組み

海外向けのＰＲ活動、企業による海外展示会への合同出展など、海外からの引き合いに対応します。

・情報収集・調査

工芸および産地の情報収集、調査・分析を行い、独自の指標をもって実態を評価します。

・コンサルティング／講演

協会で得た先進事例をもとに、工芸メーカーに対するコンサルティングを行います。

産地や工芸ごとの組合はこれまでもありましたが、横のつながりが希薄でした。業種や地域を越えて、「海外展開のノウハウ共有」「新製品開発の共同開発」などに取り組むことができれば、日本の伝統工芸をもっと元気にしていくことができます。

観光地域づくりの実現を目指し、日本版DMO候補法人を設立

２０１９年５月には、高岡市、射水《いみず》市、氷見《ひみ》市、砺波《となみ》市、小矢部《おやべ》市、南砺《なんと》市、計６市の行政と約60の企業・団体が連携して、「一般社団法人富山県西部観光社『水《みず》と匠《たくみ》』」を設立しました。僕も社員理事として、「水と匠」に参加しています。

この団体は、富山県西部地区の民間事業者を中心とした「ＤＭＯ勉強会」が母体となっており、産・官・金・民・学が連携した日本版ＤＭＯ候補法人（Destination Management/Marketing Organization：観光地域づくり法人）として、旅行商品の開発などを通した地域活性化を目指しています。

・日本版ＤＭＯ

地域の「稼ぐ力」を引き出すとともに、地域への誇りと愛着を醸成する「観光地経営」の視点に立った観光地域づくりを実現する法人のこと（参照：国土交通省　観光庁ホームページ）

富山県西部は、銅器や彫刻といった伝統技術が根づいているにもかかわらず、誘客では隣の県の石川県金沢市に大きく出遅れています。

そこで、「地域産品の開発・販売」「伝統技術に触れる旅行商品を開発・販売」「空き家の活用」など、地域資源を観光に活かしていく方針です。

「水と匠」では、富山県西部地区において、おもに6つの事業を展開していきます。

・データ分析・マーケティング
域内の観光や産業の状況把握と分析。地域と来訪者のニーズ把握とマッチング

・観光商社
シニア・富裕層・インバウンド向けの高付加価値旅行商材の企画・開発

・地域商社
地産品の発掘や商品開発など、新たな産業の創出

・デベロップメント
古民家・空き店舗の再生。宿泊施設、飲食施設、シェアオフィス、スタジオ等の整備

・エリア・プロモーション
地域や商品の情報発信

・コンサルティング
地域活性に関わる業務のコンサルティング。人材育成のためのワークショップ等の実施

「マネ」されてこそ「本物」である

もともと能作は、技術やノウハウを惜しみなく、オープンにしてきました。

僕は、**「競争の世界はすでに終わり」**だと思っています。

ライバル会社を出し抜いたり、足を引っ張り合ったり、蹴落としたりするのではなく、**「共に想い（共想《きょうそう》）、共に創る（共創《きょうそう》）」**の意識を持つことが大切です。


能作の技術は、高岡の鋳物技術の上に成り立っています。高岡の技術があるからこそ、能作の技術がある。そう考えると、専有するのはおかしい。能作の技術を公開し、産地全体で生産連携を図ることが、地域の発展につながるはずです。

高岡の同業他社から「錫の食器をつくりたい」と相談を受ければ、僕は喜んでアドバイスをします。社内から、

「技術を盗まれるのではないか」
「マネされるのではないか」
「同業者が工場見学にきたときは、予防線を張ったほうがいいのではないか」

という声が上がったこともありますが、その都度、僕は、

「特許が侵害されていなければ、マネされてもかまわない。不都合になることはまったくない。悔しくもない。だから、堂々としていればいい」

と答えてきました。僕が、「マネ」を容認しているのは、

「マネされるのは、能作の商品が優れている証《あかし》」
「マネされたなら、マネした人よりも優れた商品を開発すればいい」

と考えているからです。

一企業が活性化しても、分業各社が衰退すると地域が立ち行かなくなります。ですから、一社だけが潤うのではなく、

「地元が潤う」
「地域が喜ぶ」

ためにできることを考えています。

同業他社と技術やノウハウを共有しながら、地域での協働を進めることが、伝統産業再生の要諦《ようてい》だと思います。

販売事業部の長澤優花《ながさわゆか》も、「共存共栄の姿勢が能作の特徴である」と感じているようです。

「〝旅の人〟だった社長は、悔しい思いをたくさんしてきたと思います。高岡という封建的な土地柄の中で、動きにくかったこともあったはずです。

それなのに社長は、一切文句を言わず、むしろ、『自分は〝旅の人〟だったからこそ、

いろいろなことを学べた』とまわりへの感謝を口にします。

社長は、**屈辱感を感謝に変えられる人**ですね。きっと、どんな状況の中でも、『おもしろさ』を発見する能力に長《た》けているのだと思います。置かれた状況に対して、不満とか『嫌だな』という気持ちで終わらせず、そこから次につなげて、『自分がもっとおもしろくなるやり方』を見つけてきた人なのではないかな、と。

そういう人だからこそ、業界全体の発展、地場の発展に目を向けることができたのだと思います。

多くの会社は『ライバル会社と競って、倒して、富をなし得て、それを分配する』という資本主義のサイクルに則《のっと》っています。けれど能作が、富ではなく、地域と社会に貢献する新しいものづくりを優先しているのは、社長自身の今までの経験だったり、積み重ねだったり、人とのつながりがあるからではないでしょうか」（長澤優花）

コラム

伝統技術ディレクター・立川裕大さんの証言

僕の肩書きは「伝統技術ディレクター」で、デザイナーでも職人でもありません。プロジェクトを企画してマネージメントするのが仕事で、能作のブランディングディレクションに2001年から携わっています。

能作克治社長のすごいところは、尋常ならぬ**「好奇心」**と**「チャレンジ精神」**です。元巨人軍の長嶋《ながしま》茂雄《しげお》さん的なカンピュータも持ち合わせていて、一度やると決めたら一気にやりきる。そのスピードとパッションはなかなかマネできない。

「能作さん、次は『もの・こと・こころ』の時代。それを表現できる産業観光で高岡に集客しましょう」と言ったら、すぐに実行していましたから。

初めて能作さんとお会いしたのは、1999年。高岡市デザイン・工芸センターから勉強会の講師の依頼をいただき、高岡に行ったときでした。高岡市の産地事業者の方が20人くらいいて、その一人が能作さんでした。当時の能作さんの肩書きは「専務」でしたね。その場には、プロダクトデザイナーの安次富隆《あしとみたかし》さん(SAAT DESIGN)もいて、「HiHill《ハイヒル》」(高岡を英語読みしたダジャレ)というプロジェクトが始まった。

その後、2001年に「東京・原宿バージョンギャラリー」で能作の鋳物を扱った「鈴《りん》・林《りん》・燐《りん》」という展示会を安次富さんと僕がディレクションしました。高岡しか知らなかった能作さんが初めて外に出たイベントです。

後日談ですが、そのときに展示していたベルを扱ってくれた店員さんが、こう言ったのです。

「日本ではチリンチリンとベルを鳴らして人を呼ぶ習慣はないから、**風鈴**にしてもいいんじゃないですかね」

その瞬間、能作さんは「すぐつくります」と言って、ベルを風鈴につくり変えた。それが今でもロングセラーになったわけですから、あのときが一つのターニングポイントでしたね。

そして最大規模のプロジェクトになったのが、2017年4月の「新社屋建設」です。空間デザインの小泉誠《こいずみまこと》さん（Koizumi Studio）、グラフィックの水野佳史《みずのよしふみ》さん（水野図案室）、建築の広谷純弘《ひろたによしひろ》さん（アーキヴィジョン広谷スタジオ）、ブランディングディレクションの僕（t.c.k.w）と能作さんで、2014年から月1、2回くらい、本社や東京でミーティングを重ねました。

小泉さんが後に「会議をやるたびに強度を増していった」と振り返っていましたが、川上の設計段階から自分の専門でない領域でさえ意見を出し合って、連歌の掛け合せのようなプロセスが楽しくてしかたがなかったくらいです。

普通、この錚々《そうそう》たるメンバーを拘束しようと思ったら、時給換算で結構なことになる。だけど僕らはお金ではなくて、能作さんのキャラクターに惚れ込み、**前例のないプロジェクトに大きな意味**を感じていたのです。

工場内には、天井から吊り下げられた漢字一字のサインが至るところにあります。あのサインも水野さんが、子どもたちがきたときに、「あれはなんて読むの？」と**コミュニケーションを誘発するためにつくった仕掛け**です。建築の打合せ段階からグラフィックデザイナーが参加したからこそ実現した成果の一つですね。

当時、「能作」の売上は13億円くらいだったと思います。それなのに、売上額を上回る**16億円**を使って新社屋を建てる。普通の経営者では絶対できないですよ。しかも能作さんは、お金のことや細部のことに一切、口出ししない。「もうわかんないから、それはクリエイティブチームのみなさんに任せますよ」という感じで。

任された以上、僕たちも燃える。能作さんのことをいい意味で「人たらし」と呼んでいますが、**人をやる気にさせる天才**でもありますね。

最終的には、当初予算の13億円より3億円くらい増えてしまったけれど、能作さん持ち前の勘がコスト増よりも事業の成功を見越していたため、許容していただけました。実際に結果も出ているので、クライアントである能作さんとクリエイティブチームが一致団結した賜物だったと言えるでしょうね。

工場内のサイン

事業だけでなくデザインワークでも、「日本サインデザイン大賞（経済産業大臣賞）」をはじめ、「日本インテリアデザイナー協会AWARD大賞」、イギリスの「Lighting

Design Awards 2019 Workplace Project of the Year」などを受賞し、国内外で高い評価をいただくことができました。

「能作」をひと言で表すなら、**「伝統産業に轍《わだち》をつける」**会社です。これは能作さんの口癖でもあります。

チャレンジャーとして**「まっさらの雪原《せつげん》に轍をつける」**。

これからもどんどん新しいことにチャレンジするでしょう。いや、これからが本番です。

進化し続ける「能作」をずっと応援していきたいと思います。

立川裕大
（たちかわ・ゆうだい）
伝統技術ディレクター

株式会社t.c.k.w代表取締役。1965年、長崎県生まれ。伝統技術の分野をはじめ、産地や企業の事業コンサルティング、ブランディングに従事する。長年にわたって「能作」のブランディングを手がけており、高岡鋳物・波佐見焼・長崎べっ甲細工・大川家具・甲州印伝・因州和紙・福島刺子織などの産地との関わりも深い。
自社のプロジェクトとして、日本各地の伝統的な素材や技術を持つ職人と建築家やインテリアデザイナーの間を取り持ち、空間に応じた家具・照明器具・アートオブジェなどをオートクチュールで製作する「ubushina」を実践し伝統技術の領域を拡張している。「東京スカイツリー」「八芳園」「CLASKA」「パレスホテル東京」「ザ・ペニンシュラ東京」「伊勢丹新宿店」など実績多数。
2016年に伝統工芸の世界で革新的な試みをする個人団体に贈られる「三井ゴールデン匠賞」を受賞。2017年には産業観光をテーマにプランニングを手がけた「能作」の新社屋が日本サインデザイン大賞（経済産業大臣賞）、日本インテリアデザイナー協会AWARD大賞、Lighting Design Awards 2019 Workplace Project of the Year（イギリス）を受賞する。2017年より一般社団法人日本工芸産地協会の理事、地域ブランディング協会の顧問に就任。

第5章

あえて計画は立てず、やりたいことは全部やる

「やりたいこと」は全部やる

最近、マスコミの取材を受けると、「能作さんは、どっちの方向を向いているのですか？」と聞かれることがあります（笑）。

・国内外のデザイナーとのコラボレーション（フランスのデザイナー、シルヴィ・アマールとコラボした『シルヴィ・アマール・スタジオコレクション』など）
・「ＭｏＭＡ（ニューヨーク近代美術館）デザインストア」、タイの伊勢丹バンコクなどで積極的な海外展開
・２０１６年に産業観光部を新設し、新社屋を産業観光の拠点として整備（観光・サービス事業）、さまざまなイベントの運営
・錫の特性を活かした医療機器・ヘルスケア用品など、新分野への進出
・結婚10周年を祝う「錫婚」事業（本社工場での人前式《じんぜんしき》や、ドレスを着用しての撮影、食事、鋳物の製作体験など）

北日本新聞社と共同で開催した「02 GIFT Anniversary」

高岡に400年伝わる鋳造技術を用いて、100年にわたって鋳物製造を行ってきた「生地屋」でありながら、能作は事業領域を拡大しています。生地屋の範疇《はんちゅう》を超えて見えるのも当然です。

能作が仏具、茶道具、花器の鋳物づくりにとどまらず、大胆な転換を果たした理由は、簡単な話、「新しい仕事を手がけることが楽しい」からです。


「誰もしないようなこと」

「誰もまだ実現していないこと」

「『やりたい』と思ったこと」

に対して忠実であることが、
結果的に、

「高岡銅器産業の技術の継承と発展」

「伝統産業の再生」

「地域社会や地場企業への貢献」

を実現しています。

失敗も成功も悪くない！ 一番悪いのは「何もしない」こと

新規事業の立ち上げにあたって、「事業の背景」「ターゲット市場」「顧客ニーズ」「競争優位性」「マーケティング施策」「財務計画」「事業リスクと対策」「実行スケジュール」などを綿密に分析したうえで、事業計画を立案する経営者もいますが、僕は違います。

僕は、事業計画を考えるよりも先に、**「まず、やってみる」**タイプの経営者です。

あれこれ考えるより、やってみる。

やってみると、考えているだけではわからなかったことが明らかになる。

うまくいかなければ改善し、軌道修正しながら進んでいく……。

もちろん、経営者として会社全体の方向性を見極めることも重要ですが、「これしかやらない」と方向性を絞ったとたん、伝統産業は失速します。

新規事業や新分野への進出は、決してたやすいことではありませんが、新規事業に「取り組まない」リスクのほうが大きいと思います。

「同じこと」ばかりを続けていると、つき合う人も、思考も、固まります。変化を恐れ、現状に甘んじていたら、時代にも消費者にも、あっというまに置いていかれるでしょう。

企業を取り巻く経済環境は、刻一刻と変化しているのですから、常に成長進化しなければ、生き残ることはできません。

既存事業が順調だとしても、これから先も好況が続くとは限りません。既存の商品やサービスが消費者に飽きられたり、競合や代替品の出現などによって、状況が変わることも考えられます。

伝統産業や地場産業の衰退の要因は、職人の高齢化、後継者不足、原材料の値上がり、コストダウンの要求、需要の低迷といった外的要因だけでなく、下請けに甘んじ、チャレンジを忘れた自分（自社）の姿勢にもあるはずです。

何もやらなければ、ずっとそこで立ち止まることになります。

本田技研工業（ホンダ）の創業者、本田宗一郎《ほんだそういちろう》さんが「チャレンジして失敗を恐れるよりも、何もしないことを恐れろ」と述べたように（『決断力と先見力を高める 心に響く名経営者の言葉』／ＰＨＰ研究所）、僕も「失敗も成功も悪くなくて、一番よくないのは何もしないこと」だと考えています。

すんだことは、忘れろ

僕のポリシーは、

「すんだことは、忘れろ」

です。

人生に、選択の枝分かれはたくさんありますが、どちらかを選べば、選ばなかったほうは朽《く》ちてなくなります。なくなったものを振り返ってもしかたありません。伸びるものを追いかけていくほうが楽しいと僕は思います。

失敗したことは、忘れたらいい。

大事なのは、**「今」を生きること**です。

「今」を大事に生きれば、その先に未来は必ず開けます。

人生は元に戻れないので、**決断したら前を見る。**そして、**嫌なことはすぐに忘れる**ことです。

やる前から「できない」と言わない

「やりたいことを全部やる」といっても、「やってみたい仕事以外は、依頼があっても断る」わけではありません。

「どんな仕事でも、基本的にはやってみる」

「どんな仕事でも、『楽しもう』という姿勢を忘れない」

のが、能作の行動原則です。

僕は、

「できない」

「無理です」

「嫌だ」

という言葉が大嫌いです。

一つの注文でも大事にする。「どんな依頼も、とりあえず受ける」という姿勢を常に持っています。伝統工芸の世界ではバットすら振らない人が多い。けれど能作は、**どんなボールを投げられても、絶対にバットを振ります。**

「無理です、できません」と断るのは簡単ですが、それでは現状の殻を破ることも、基準を上げることも、技術を磨くこともできません。

「課題がある」ということは、次に進むチャンスです。要求をかなえようと努力することで、新たな可能性が生まれます。

加工課の課長、堀《ほり》井《い》克祐《かつすけ》は入社14年目、ベテランのろくろ職人です。年齢は57歳。現場では最年長です。

「もともと私は、父と兄と高岡銅器団地（高岡銅器の製造関連企業が集まる工業団地）で製造業を営んでいました。能作の同業者ですね。でも、仕事が少しずつ減ってきたので、私だけ能作で働かせていただくことになったんです。

私が能作に入った頃、社員は15人くらいだったと思います。当時も今も、社長は仕事が大好きだから、誰よりも働いていました。

今の能作の成長は、社長の人柄があってこそです。社長は、どんな仕事でも断らない。くるものは拒まずの姿勢で、どんどん引き受ける。しかも、**どんな仕事も楽しそうにやる。**

とにかく間口が広くて、**どこも引き受けなかった仕事でも受けていた**ので、問屋からは重宝されていたと思います。人手が足りなくて大変ではありましたが、どんな仕事でも断らなかったからこそ、職人の技術は上がり、問屋の信頼を得ることができたのだと思います」

（堀井克祐）

仕事に「いい」も「悪い」もない

僕は、基本的に、

「仕事は、どれも同じ」

「仕事に、いいも、悪いもない」

という考えです。

植物にしても、動物にしても、「生きるため」に働いています。人間も生命体である以上は同じです。

人によって働く場所に違いはあるものの、「生きるために働くのは当たり前」なのですから、目の前の仕事を楽しめばいい。

「この仕事はいい仕事、この仕事は悪い仕事」「この仕事は給料が高いからいい仕事、この仕事は給料が安いから悪い仕事」と選《え》り好みしないで、自分が携わることになった仕事に邁進《まいしん》する。

「その分野（業界）でトップになろう」という志を持って仕事に取り組めば、何を仕事にしようと、必ず結果が出ると思います。

与えられた仕事を好きになる。

そして一所懸命働いて、自らを育《はぐく》んでいく。

決断したら前を見て、脇目を振らず前進あるのみ。

決してあきらめず、やり続ける。

そうすれば必ず、大きな成果に結びつくと思います。

僕の社長語録

伝統とは革新の連続

■「古きよきもの」を消費者に押しつけるだけでは、なかなか受け入れてはもらえない

■人々が求める価値に耳を傾けなければ、伝統は守れない

■たとえば、簾《すだれ》や蚊帳《かや》。昔は誰もが使っていたものが、今ではそれほど見かけない。同じようにこれから忘れられていくものもたくさんあると思う。それを「古いものには味わいがあるから」と言っているだけでは産業として生き残れない

■伝統はつくるもの、今始めたことが１００年後の伝統になる

「選ばなかった正解」は存在しない

■何かを選択しなければならないときは、直感で決める。なぜなら、どちらを選んでも、

大きな違いはないから
■右に進もうが左に進もうが、選択した時点でもう一方の道は消えてなくなる
■自分が選んだものを正解にすればいいだけだ

物事を狭く見ない

■物事の狭い範囲に注目しすぎないように心がける。そのために、多くの人と接して、いろいろな話をよく聞いて、その話を絶対に否定しない
■人の話をじっくり聞くと、アイデアを見つけることができる

人の価値とは、一生のうち、どれだけの人を幸せにできるかで決まる

■社員や高岡の職人さんたちに貢献したい。高岡に住む人たちに誇りを持ってもらいたい
■商品を買ってくれる人に喜びを提供したい。これからは日本の伝統産業全体に目を向

けて、自分が学んだことを伝えていきたい

とにかくやってみること

■いいかげんにやっていては、チャンスが目の前にあっても気づかない

何もしなければ、成功も失敗もない

■「無理です」「できません」という言葉が大嫌い。やってみた結果、成功するか失敗するかはどちらでもいい

努力すれば結果はついてくる

■一升瓶の水を抜くときに、蓋《ふた》を指で閉め、逆さにして振る。そうすると、だんだんと渦を巻いて、指をパッと放すと、ひとりでに水がジャーッと抜ける。ウチは6、7年、

ずっと瓶を振ってきた。ここ3、4年は、振らなくても、渦が巻き出している状況をすごく感じている

僕のポリシー

■続けること、あきらめないこと
■すぎ去ったことを考えない。今を大事にすると未来が拓ける
■仕事を楽しみ、愉しむ
■地域社会には労を惜しまず貢献する
■GLOCAL: Think Global, Act Local

コラム

カリスマ社長にさえ務まらない「専務」の役割とは

専務取締役　能作千春

産業観光の中心的存在として活躍する

私が能作に入社したのは、2010年です。それまでは神戸にいて、アパレル通販誌の編集者をしていました。

編集者として3年くらい経った頃、当時の先輩が神戸のセレクトショップで見つけた「花型の錫製トレー」のセンスのよさが、職場の話題になったことがあります。それが能作の製品と知って、本当に驚きました。

それまでは「鋳物は、年配の職人が金属を溶かしているだけ」というイメージしか持てず、家業に背を向けていたのですが、「小さな町工場なのに、神戸のセレクトショップにまで商品を展開している」ことに感動を覚えて、Uターンを決心しました。

【能作千春プロフィール】

１９８６年　能作克治の長女として誕生
２００７年　神戸学院大学人文学部人間心理学科卒業
　　　　　　株式会社イマージュ 編集部入社
２０１０年　株式会社イマージュ 編集部退社
　　　　　　株式会社能作入社
　　　　　　現場の知識を身につけるとともに受注業務等にあたる
２０１３年　結婚後、第1子を出産
　　　　　　製造部物流課課長として物流の整備にあたる
２０１５年　第2子を出産
２０１６年　取締役に就任
　　　　　　新社屋移転にともない、産業観光部長として新規事業を立ち上げる
２０１８年　10月 専務取締役に就任

私が家業に戻ったときは、商品の発注数が増え始めた頃で、何から何まで手が足りない。

受注、生産、発送までの体制を整えるのに必死で、昼夜を問わず、がむしゃらに走り続けていました。

産業観光部が立ち上がったのは、移転のわずか半年前（2016年9月）。当初のメンバーは、第2子を産んだばかりの私と、経理担当、物流担当だった社員のたった3人だけでしたが、現在はショップやカフェのスタッフを含めると25人ほど（アルバイト・パート含む）に増えています。

「地元の子どもたちに産業の素晴らしさを知ってもらい、地域を愛する子どもを増やし、ゆくゆくは担い手をつくっていく」という目的を明確にして、施設の企画運営や体験型観光のプロモーションなどを推し進めています。

社員と同年代だからこそできること

私の組織上の立場は「専務」であり、産業観光の他、人材育成、採用、広報、商品開発、店舗管理、新規事業など、社業全般を見渡すことが役割ですが、特に大切だと感じているのは、**「社員の聞き役」**になることです。

私が能作に入ったとき、従業員はまだ25人程度でした。ところが現在は、１６０人まで増えています。

さまざまな価値観を持った人材が集まると、どうしても、意見のぶつかり合いは避けられません。意見の衝突や対立が起きそうなときは、私が社内の調整役を買って出ます。

社長には言えないことでも、同年代の私（社員の平均年齢は32歳）であれば言いやすいと思いますから、社員の意見や不満には、できるだけ耳を傾けるようにしています。

部署内の問題をあぶり出し、改善をするために、丸３日かけて、物流に携わるパートさん全員にヒアリングをしたこともありました。

面談をして思ったのは、**パートさんも「アイデアを持っている」**ということです。夏限定で、本社FACTORY SHOPで「B級品の風鈴」を扱うようになったのも、パートさんのアイデアです。

「パートなんだから言われたことをやっていればいい」とはねつけないで、社員でもパートでも、いいアイデアがあればどんどん実現していく。そうすることで、パートさんのモチベーションも上がっていくと思います。

社内では、「専務」ではなく「千春さん」

社長は、職人としても経営者としても、実績に裏づけられたカリスマ性があるので、私のように間に入る人間がいたほうが、ワンマン経営に傾かないと思います。

私は、現場のたたき上げではありませんから、社長と同じやり方で職人をまとめることはできません。

けれど、社長が現場にいたときと違って、今は社内の組織化が進んでいますから、工場長などの力も借りながら、組織として社内をまとめていけたら、と思っています。

今、私のことを「専務」と呼ぶ人はほとんどいません。「千春さん」ですね（笑）。でも、それがいいと思っています。

「伝統産業に轍《わだち》をつける」という会社のスローガンを常に忘れないで、既成概念にとらわれずに新しいことにどんどんチャレンジしていく。そして、鋳物という伝統産業に新たな轍を描き続けていきたいですね。

特別付録

能作が
絶対に赤字にならない
6つの理由

僕が能作に入社した初年度（１９８４年度）は赤字でしたが、２年目には「黒字」に転化し、それ以来、一度も赤字に落ちたことはありません。

「日本の伝統産業は下火である」と評されていた時代にも、能作は横ばいか、少し右肩上がりの業績を維持していました。

能作が**「利益を追わない」のに黒字体質**でいられるのは、次の「６つ」を意識しながら、ものづくりに尽力した結果かもしれません。

【能作を黒字体質にした6つの理由】

①技術を磨いて、製品の品質を高める

②量産に向く生型鋳造でありながら、「多品種少量生産」を目指す

③時間を大切にする（仕事に集中する時間を増やす）

④勉強会、セミナー、カンファレンスに参加して「ネットワーク」を広げる

⑤お客様の要望に100％応える

⑥より多くの人を幸せにできる選択をする

①技術を磨いて、製品の品質を高める

当時の能作はオリジナル商品を持たず、「技術を売る立場」でした。ピラミッドでいうと、一番下に位置する下請け業者です。

そこで、鋳造の技術を向上させて品質を高めれば、「問屋さんに認めてもらえる」と考え、徹底して技術力の向上に努めました。

僕が高岡にきたとき、能作の鋳物は特に評価が高かったわけではありませんが、技術を磨き、10年ほど経った頃には、問屋から「能作さんは、きれいな鋳物をつくる」「高岡で1、2を争う鋳物屋」と認めてもらうことができたのです。積み上げた技術力があったからこそ、後の「自社商品開発」が実現しました。

②量産に向く生型鋳造でありながら、「多品種少量生産」を目指す

他の鋳物メーカーが嫌がる「多品種少量生産」を確立したことで、「能作さんは少な

い数でも引き受けてくれる」「能作さんは、生産品目の変更にも臨機応変に対応してくれる」と、問屋の信頼を得ることができました。

新社屋エントランスに保管されている約2500種類にも及ぶ木型は、多品種少量生産の歴史です。

③時間を大切にする（仕事に集中する時間を増やす）

27歳で一念発起して職人の世界へ。最初は右も左もわからずカルチャーショックを受けましたが、「石の上にも3年」とはよく言ったもので、鋳物のおもしろさに気がついてからは、土曜日曜も、休憩時間さえ惜しんで、自発的に仕事をしていました。その結果、技術を早く、深く、習得できたと思います。

僕が長時間労働を厭《いと》わなかったのは、仕事が「楽しかったから」です。

④勉強会、セミナー、カンファレンスに参加して「ネットワーク」を広げる

すべての時間を「ものづくり」に使うのではなく、地域や業界、団体の勉強会、セミナー、カンファレンスにも積極的に参加しました。そのおかげで、出会いや機会に恵まれ、仕事の幅を広げることができました。

⑤お客様の要望に100％応える

今でこそ多くの受注をいただいていますが、かつては「仕事がない時期」が続いたこともあります。「一つの注文のありがたさ」がよくわかっているので、依頼をいただいたときは**「とにかく、やってみましょう」**と前向きな返事をして、お客様の要望に応えるように心がけています。

一つのことをやると、おのずと次のことが始まり、それをクリアすると、また次につながっていく……。この繰り返しの先に、今の能作があります。

能作は、問屋と、地域と、消費者と誠実に向き合い、要望に応えながら、信頼を構築することに力を入れてきた気がします。

そして、**「目先のお金」を貯めるのではなく、「信頼」を貯めた**結果として、既存客のリピートや新規顧客の獲得に成功したのです。

⑥より多くの人を幸せにできる選択をする

人生で最も大事なのは、

「何人の人を幸せにできるか」

だと思います。

選択を迫られたときは、

「どちらの選択がより多くの人を幸せにできるか」

を見極める。社員、地域の人、商品を買ってくださったお客様など「一生のうちにどれだけの人を幸せにできるか」を基準にしています。

「僕の人生は、仕事でできている」と言っても、過言ではないと思います。人生の総時間の75％くらいは、仕事に費やしてきたのではないでしょうか。「一人でも多くの人を幸せにしたい」という思いが、僕の原動力になっています。

エピローグ

次世代に伝えたい僕からのメッセージ

２０１７年、タイ・バンコクでの講演を終えて帰国の途に就くとき、空港の出国審査中に係員に呼び止められ、別室で取り調べを受けたことがありました。

係員は、僕の足のくるぶし付近が異常に腫《は》れているのを見て、「薬物を体内に隠し持っているのではないか」と疑念を持ったようです。

もちろん疑いはすぐに晴れましたが、実はこのとき、僕は、腎不全を患《わずら》っていました。

腎臓の機能が著しく低下して、「何かを隠し持っている」と疑われてもおかしくないほど、ひどいむくみに悩まされていたのです。

腎臓には、体の水分を調節したり、老廃物を尿として排泄したりする機能があります。ところが僕の腎臓は、老廃物を十分に排出できなくなっていました。

帰国後も、仕事にかまけて健康をおろそかにした結果、むくみが全身に広がって肺の中にまで水がたまり、「生命に危険が及ぶ状態」にまで進行。腎臓は再生しにくい臓器であり、失われた腎機能は、元に戻らないことが多いそうです。

僕にはもう、「腎移植」しか残されていませんでした。

手術の6か月前から、体調管理のために血液透析を行いました。血液透析とは、機械に血液を通して、血液中の老廃物や不要な水分を除去し、血液をきれいにする治療法です。週に3日（火・木・土）、1日4時間。透析後はしばらく血圧が下がるため、働くことができません。血圧低下による意識障害で、倒れたこともありました。

腎移植は、他人の腎臓を移植する医療で、慢性腎不全の唯一の根治的治療です。生存中の血縁者から腎臓を提供してもらう生体腎移植と、亡くなった方から腎臓をいただく献腎移植（死体腎移植）があります（日本移植学会『ファクトブック２０１８』より）。

献腎移植の場合、献腎移植希望者に比べて死体腎の提供数が少ないことから、待機年数（移植を希望してから実際に移植するまでの期間）が約14年（日本臓器移植ネットワークホームページ）と長期に及ぶため、僕は生体腎移植を選択しました。

大変ありがたいことに、身内の一人がドナーに名乗り出てくれたのです。

大いに悩み、親族会議を開きました。

このとき、みんなから出た言葉は、

「まだ頑張ってもらわないと。体調を元に戻して、会社を千春にきちんと受け継がないと従業員みんなが困る」

そして、２０１９年1月、移植手術は無事成功したのです。

受け継がれてきた技術を次の時代に継承する

健康な体にメスを入れてまで会社のことを考えてくれた身内には、「感謝」以外の言葉は見つかりません。

その願いに応えるためにも、僕には、能作を次の世代に、次の時代に受け継ぐ責務があります。

能作の後継者は、決まっています。

長女の千春です（現在は専務取締役）。

僕が病に伏していたとき、千春は僕の代役として職人たちをまとめ、産業観光を盛り立て、講演に登壇し、錫婚式などの新規事業を立ち上げました。社長に頼ることができない状況に身を置いたことで、「経営者」としての自覚が備わってきたと感じています。

僕と千春は、志向性も、嗜好性も、思考性もよく似ています（社員はそのことを一番よくわかっていると思います）。

僕と同じように仕事が大好きで、僕も一目置くほどの企画力があって、「チャレンジ精神を発揮して、伝統産業に轍《わだち》をつけたい」という、まっすぐな情熱を持っています。

僕は〝旅の人〟として能作に入社したときから、

・3K職場だった能作を魅力的な職場に変えたい（伝統産業の魅力を伝える）
・下請け業者で終わらずに、オリジナル商品をつくりたい

という想いを持って、そのために尽力し、少しずつ実績を積み上げ、会社を、そして地域を変えてきました。

能作の第2創業（後継者が事業を引き継いだ場合などに業態転換や新事業・新分野に進出すること）を軌道に乗せたことを考えれば、僕の役目は、「ひとまず果たせたのではないか」と思っています。

これからの能作をさらに成熟させていくのは、僕の仕事ではありません。千春をはじめとする次の世代です。

「能作を、そして高岡をディズニーランドより楽しい場所にしたい」

「〝踊る町工場〟を、もっともっとおもしろくしたい」

と目を輝かせる千春が、能作をどのように変えていくのか。

僕自身、とても楽しみです。

最後になりましたが、快く取材に応じていただいた伝統技術ディレクターの立川裕大さん（t.c.k.w）とデザイナーの小泉誠さん（Koizumi Studio）、そして僕の初めての書籍にご尽力いただいた、藤吉豊さん（文道）と寺田庸二さん（ダイヤモンド社）に心からの感謝を申し上げます。

［著者］

能作克治（のうさく・かつじ）

株式会社能作 代表取締役社長

1958年、福井県生まれ。大阪芸術大学芸術学部写真学科卒。大手新聞社のカメラマンを経て、1984年、能作入社。未知なる鋳物現場で18年働く。

2002年、株式会社能作 代表取締役社長に就任。世界初の「錫100％」の鋳物製造を開始。

2017年、13億円の売上のときに16億円を投資し本社屋を新設。現在、年間12万人の見学者を記録。

社長就任時と比較し、社員15倍、見学者300倍、売上10倍、８年連続10％成長を、営業なし、社員教育なしで達成。

地域と共存共栄しながら利益を上げ続ける仕組みが注目され、『カンブリア宮殿』（テレビ東京系）など各種メディアで話題となる。

これまで見たことがない世界初の錫100％の「曲がる食器」など、能作ならではの斬新な商品群が、大手百貨店や各界のデザイナーなどからも高く評価される。

第１回「日本でいちばん大切にしたい会社大賞」審査委員会特別賞、第１回「三井ゴールデン匠賞」グランプリ、日本鋳造工学会 第１回Castings of the Yearなどを受賞。

2016年、藍綬褒章受章。

日本橋三越、パレスホテル東京、松屋銀座、コレド室町テラス、ジェイアール名古屋タカシマヤ、阪急うめだ、大丸心斎橋、大丸神戸、福岡三越、博多阪急、マリエとやま、富山大和などに直営店（2019年９月現在）。

1916年創業、従業員160人、国内13・海外３店舗（ニューヨーク、台北、バンコク）。

2019年９月、東京・日本橋に本社を除くと初の路面店（コレド室町テラス店、23坪）がオープン。

新社屋は、日本サインデザイン大賞（経済産業大臣賞）、日本インテリアデザイナー協会AWARD大賞、Lighting Design Awards 2019 Workplace Project of the Year（イギリス）、DSA日本空間デザイン賞銀賞（一般社団法人日本空間デザイン協会）、JCDデザインアワードBEST100（一般社団法人日本商環境デザイン協会）など数々のデザイン賞を受賞。デザイン業界からも注目を集めている。

本書が初の著書。

【能作ホームページ】

www.nousaku.co.jp

社員15倍！ 見学者300倍！

踊る町工場

――伝統産業とひとをつなぐ「能作」の秘密

2019年10月9日　第1刷発行
2024年3月25日　第2刷発行

著　者――能作克治
発行所――ダイヤモンド社
〒150-8409　東京都渋谷区神宮前6-12-17
https://www.diamond.co.jp/
電話／03･5778･7233（編集）　03･5778･7240（販売）

装丁――――杉山健太郎
本文デザイン―布施育哉
編集協力――藤吉 豊（株式会社文道）
本文DTP・製作進行―ダイヤモンド・グラフィック社
印刷――――信毎書籍印刷（本文）・加藤文明社（カバー）
製本――――ブックアート
編集担当――寺田庸二

ISBN 978-4-478-10809-3

大盛況のイベント

▲北日本新聞社と共同で開催した「02 GIFT Anniversary」

▲ゴールデンウィークに「能作」特製ガチャガチャが登場

▲全国から熱心な方々が！

人にやさしい「社員食堂」と「Library」

▶「社員食堂」でカレーを食べながら談笑する社員たち

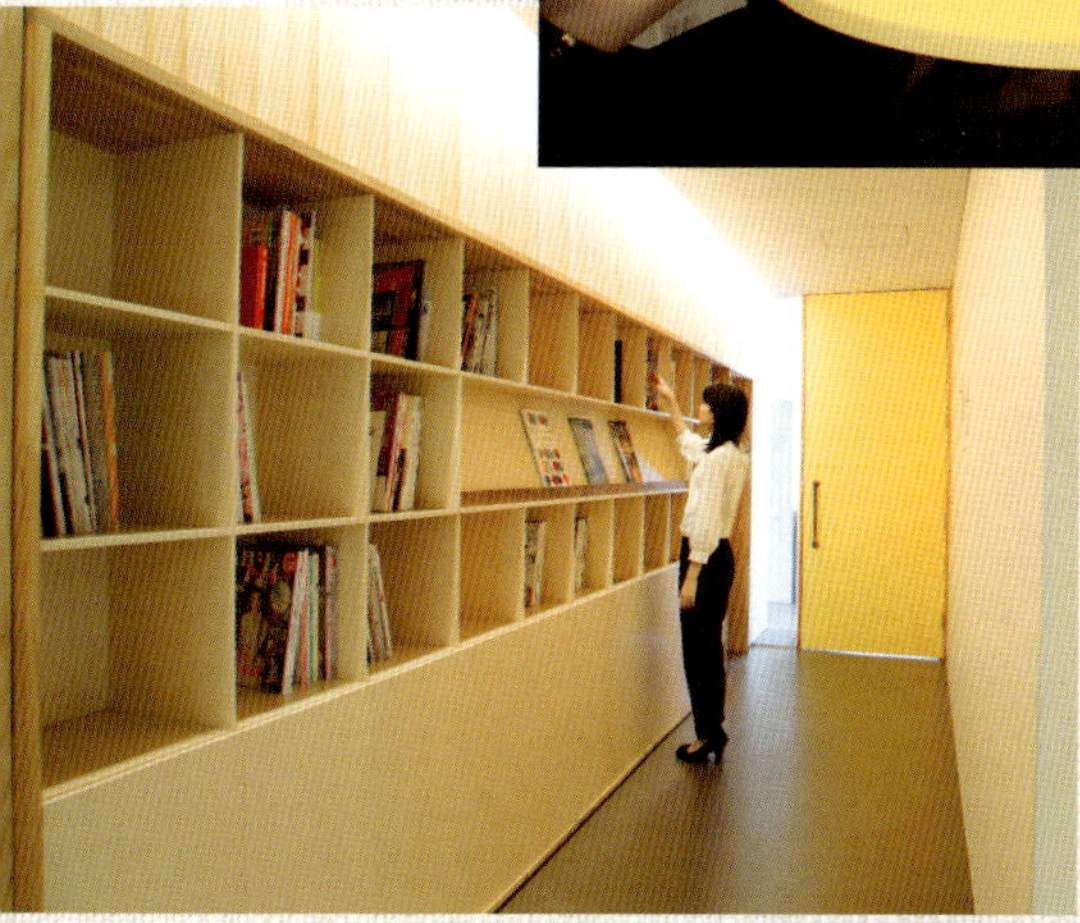

◀やさしい照明で心も落ちつく「Library」

▶工場内にある「鋳」一字のサイン。「ママ、パパ、なんて書いてあるの?」と子どもたちから発せられ、対話が生まれるようにつくった

大人気の錫婚式《すずこんしき》

今はアンビリーバブル劇場

北日本新聞社と共同で開催した
「02 GIFT Anniversary」

全国にある「能作」の直営店①

▲日本橋三越店

◀阪急うめだ店

▶ジェイアール名古屋
タカシマヤ店

◀大丸神戸店

▶松屋銀座店

▼パレスホテル東京店

全国にある「能作」の直営店②

▶福岡三越店

◀富山大和店

▲マリエとやま店

▲博多阪急店

海外でも大人気

▲台北マリオット店

▲MoMA（ニューヨーク近代美術館）デザインストア

▲ニューヨークでも「曲がる食器」が大人気

◀海外の展示会でも熱心な外国人が！

▲若手職人と子どもたち

職人も子どもも
「踊る町工場」

▼「曲がる食器」に感動

▲職人の説明に子どもたちもビックリ！

▼鋳物体験って、楽しいなぁ

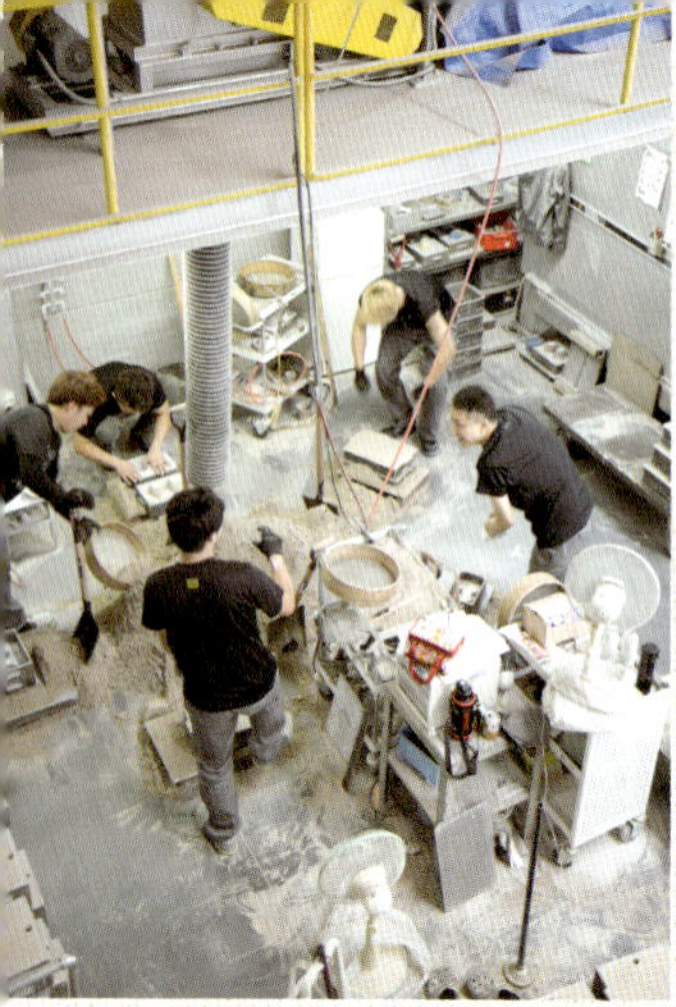

▲みんな力を合わせて

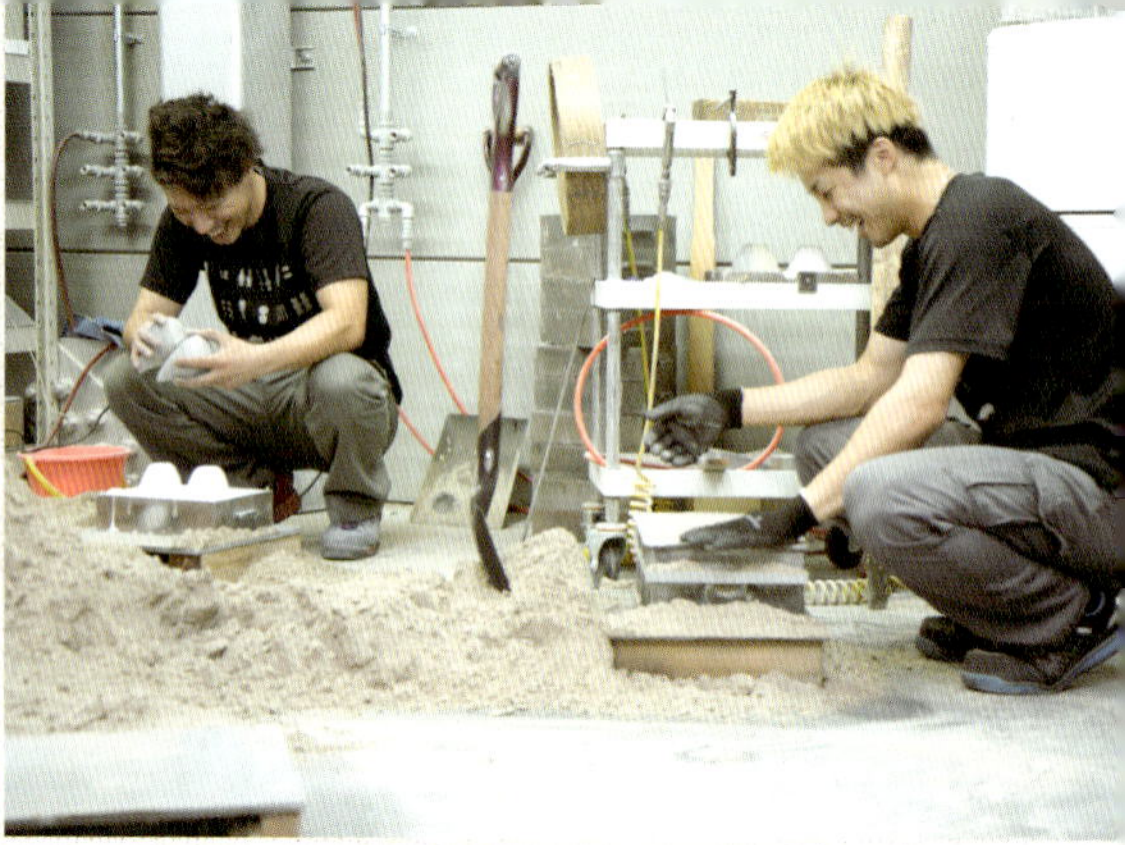

▲笑顔で働く職人たち

職人とじかに触れ合える

▼あ、あそこに！

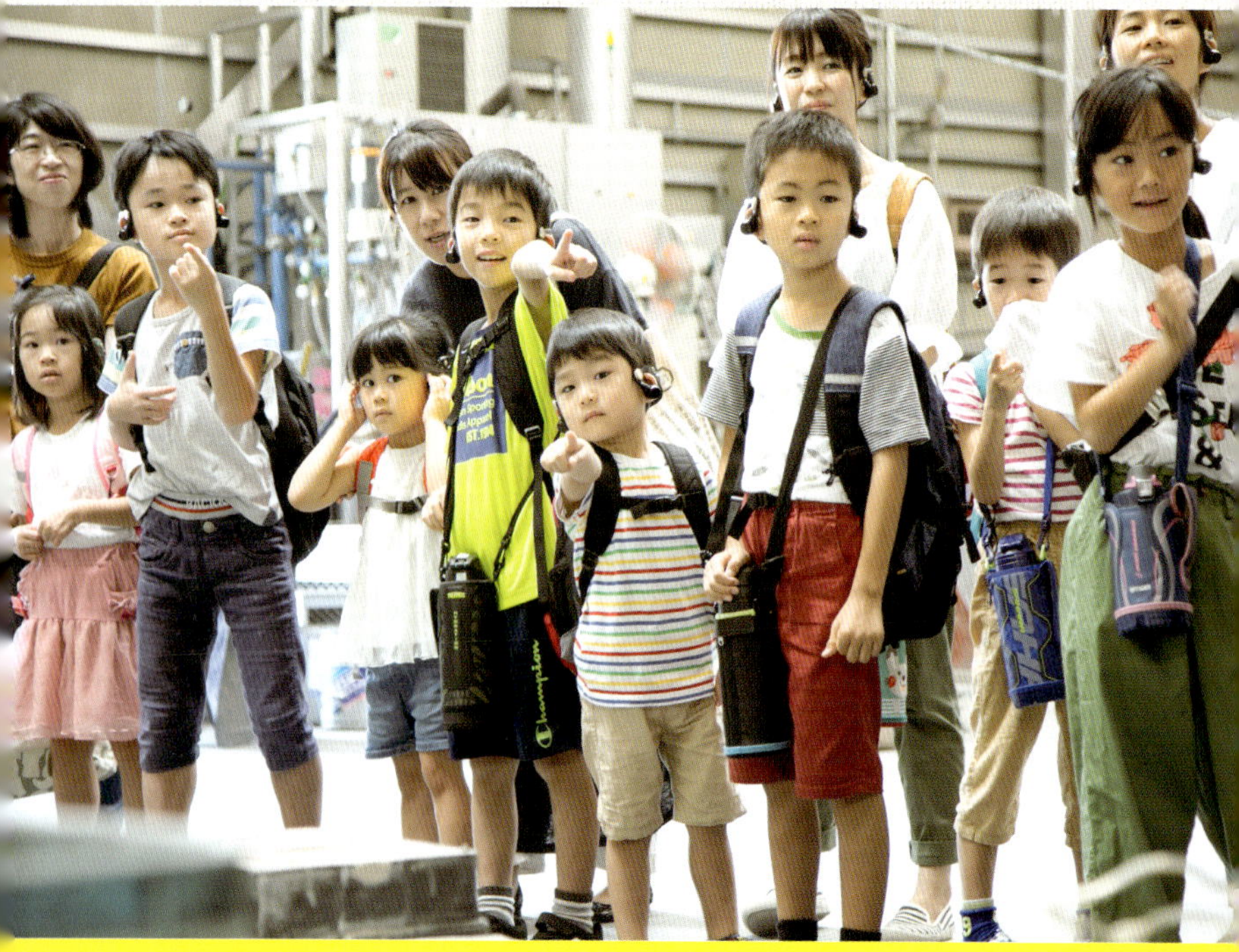

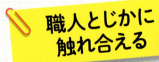

▲上から見たイベント風景

▲能作職人による実演販売

◀専務自ら工場案内中

笑顔で いっぱいの「能作」

▲「おいしい！」満面の笑顔

▲限定！ 能サクッ！ アップルパイ

▲能作克治の似顔絵

▲「藍綬褒章《らんじゅほうしょう》」受章

踊る町工場図鑑

社員15倍！
見学者300倍！
さらに売上10倍！
伝統産業とひとをつなぐ

「能作《のうさく》」

ビフォー・アフター劇場【後篇】

子どもたちからの感動の手紙

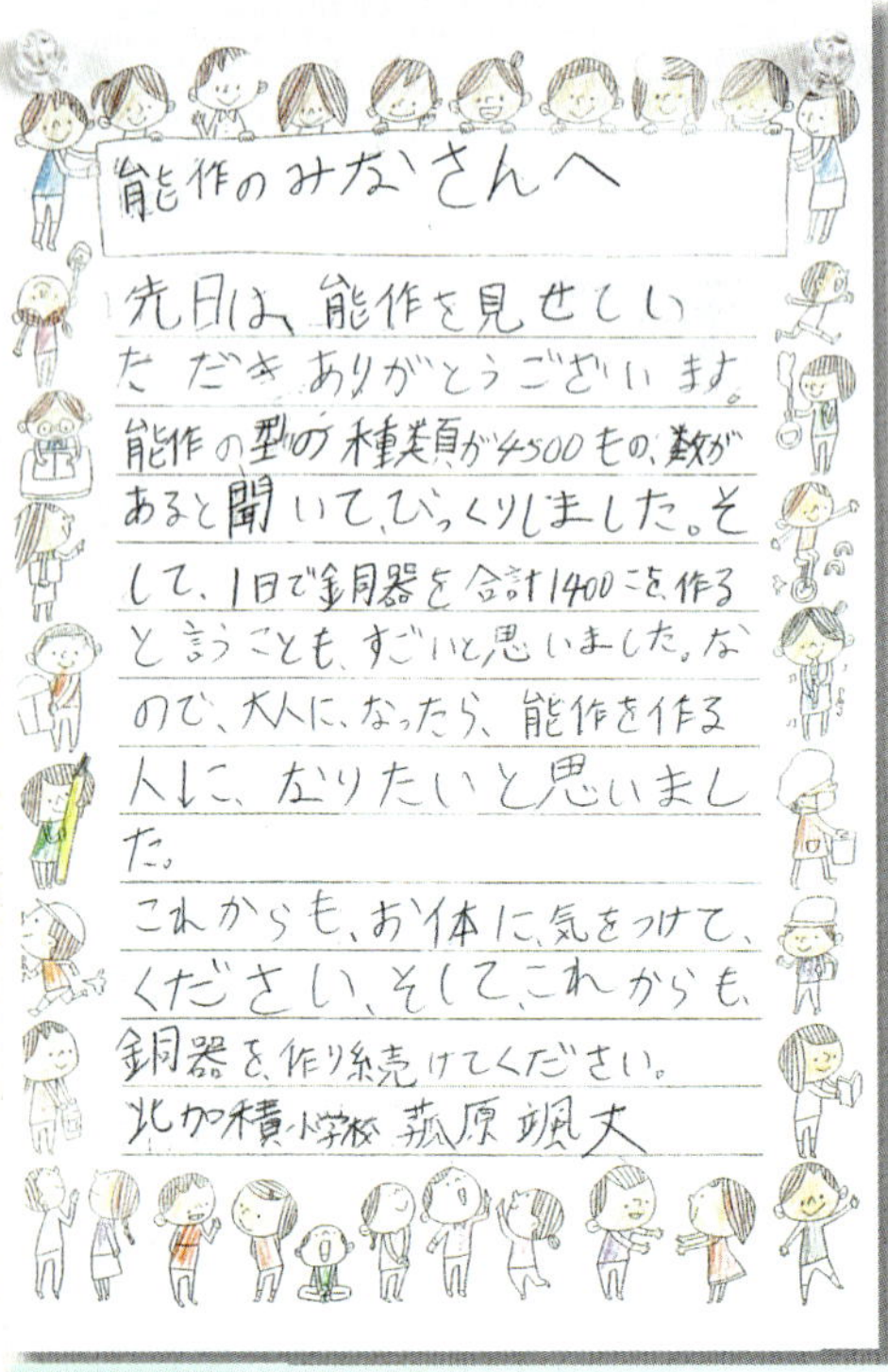
能作のみなさんへ

先日は、能作を見せていただきありがとうございます。能作の型の種類が4500もの数があると聞いて、びっくりしました。そして、1日で銅器を合計1400こを作ると言うことも、すごいと思いました。なので、大人になったら、能作を作る人になりたいと思いました。

これからも、お体に、気をつけてください、そしてこれからも、銅器を作り続けてください。

北加積小学校 菰原颯大

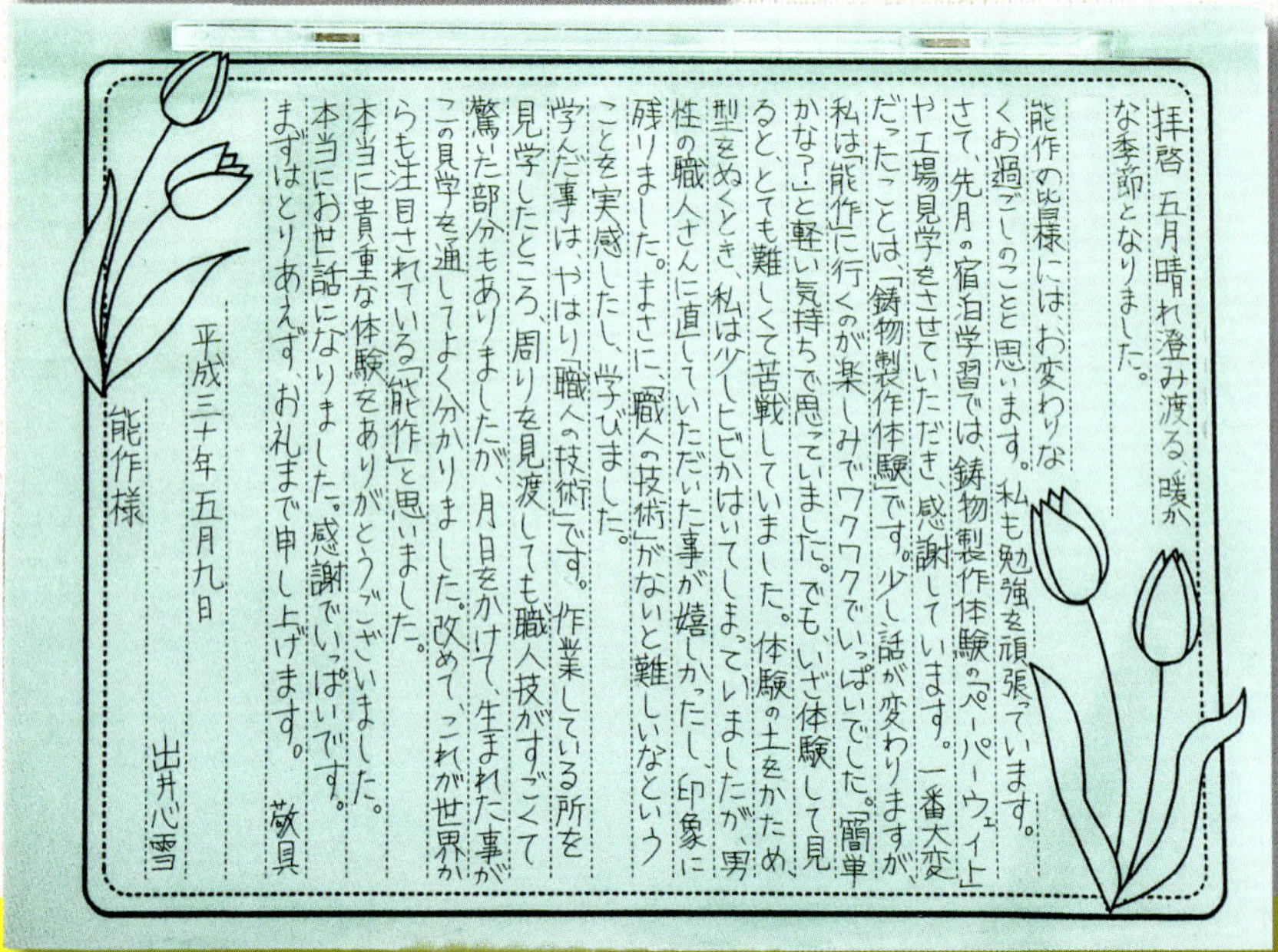
拝啓 五月晴れ澄み渡る、暖かな季節となりました。

能作の皆様には、お変わりなくお過ごしのことと思います。私も勉強を頑張っています。

さて、先月の宿泊学習では、鋳物製作体験の「ペーパーウェイト」や工場見学をさせていただき、感謝しています。一番大変だったことは、「鋳物製作体験」です。少し話が変わりますが、私は「能作」に行くのが楽しみでワクワクでいっぱいでした。「簡単かな?」と軽い気持ちで思っていました。でも、いざ体験して見るととても難しくて苦戦していました。体験の土をかためて型をぬくとき、私は少しヒビかはいってしまっていましたが、男性の職人さんに直していただいた事が嬉しかったし、印象に残りました。まさに、「職人の技術」がないと難しいなということを実感したし、学びました。

学んだ事はやはり「職人の技術」です。作業している所を見学したところ、周りを見渡しても職人技がすごくて驚いた部分もありましたが、月日をかけて、生まれた事がこの見学を通してよく分かりました。改めて、これが世界からも注目されている「能作」と思いました。

本当にお世話になりました。貴重な体験をありがとうございました。感謝でいっぱいです。

まずはとりあえず、お礼まで申し上げます。 敬具

平成三十年五月九日

出井心雪

能作様